もっとわかって！猫の想い

愛する猫のために知っておくべき100のこと

マイケル・田中

かざひの文庫

はじめに

昨今、いよいよ「猫ブーム」の到来と騒がれております。確かに、一人暮らしの若者やご高齢者、お子さんを持たないご夫婦も増える方向です。ペットが居てくれると寂しくないし、癒されるし、温かな気持ちになれる。けれど、犬は散歩に連れ出さなくてはならないから難しい……。そんな理由も手伝って、アメリカでは既に数年前に犬をペットにしている人の数を超えたそうです。

そんな社会の行方に猫たちは淡々と、「僕らの出番?」「知らないけれど、美味しいご飯と気に入った寝床があれば良いけどね」と言いつつ。きっとマイペースで貢献してくれるに違いありません。しかし、人間は何千年もの長きに渡って猫と付き合っておきながら、実は、猫のことがよくわかっていないのではないでしょうか。獣医学のお偉い先生でも、勉強熱心な獣医さんでも、「猫の生態や身体の仕組みは未解明なことがまだまだ多い」とおっしゃります。そもそも人間の医療でさえも、今日大きな曲がり角に直面しています。それは、「代替医療」「全身医療」「恒常性」「自然治癒力」「腸内環境」といったテーマに於《お》いて顕著です。これらが急速に解明され、むしろ医学・医療の主流になる時代も来るかも知れません。

この十年二十年で、最も驚異的な進歩を遂げた医療は、主に高度な検査機器と、高度な外科手術機械とシステムであるとも言われます。しかし、人間と異なって猫の場合、検査の段階で全身麻酔を施さねばならず、人間より遥かに肝臓・腎臓・心臓が弱い（大きさの問題ではなく）猫に安全な「麻酔システム」はまだ開発されていません。また保険の問題もあって数頭と暮らしている方々には、最先端医療は猫には縁遠いものがあるのも事実です。

さすればやはり課題は「予防医学」であり、「全身医療」ではないでしょうか？

その域に到達すれば、怖い感染症が重篤になる前に、、大掛かりな外科手術に至る前に、様々な病気を回避出来るかも知れません。しかもそれは食事療法から始まり、昨今ネット上でも氾濫する様々なサプリや、町のドラッグストアーでさえも売っている「漢方薬」や「ハーブ」などの「生薬」。それらの知識を駆使して、ご自宅でご家族（飼い主／オーナーさん）が日常的に出来るものを目指すものなのです。

しかし、それらは正しい「予防全身医療」の「概念と論理性」が無ければ机上の空論的な情報で終わってしまいます。本書は、その「愛猫の為の予防全身医療」への誘いの前に、今日語られている「猫についての話」を今一度再検討して、愛猫家さんたちが自然に「予防全身医療」に必要な感覚や価値観を育て、気づくきっかけになればと思い書き綴りました。少しでもそのようなお役に立てれば誠に幸いです。

目次

CHAPTER 04

猫の体に関する10の疑問

CHAPTER 05

猫の食事に関する10の疑問

CHAPTER 06

猫の病気に関する10の疑問

CHAPTER 07

猫の健康に関する10の疑問

CHAPTER 08

「猫と人間」に関する10の疑問

CHAPTER 09

猫の心に関する10の疑問

CHAPTER 10

猫の幸福に関する10の疑問

CHAPTER 01

猫の習性に関する 10の疑問

TRUTH 001

猫はつれないってホントの話？

愛しの猫よ、君はなんでそんなにつれないんだい？

お腹が空いた時ばかり、調子の良い可愛げな声を出すのではないことはわかっているよ。むしろ、ご飯目的でもないのに珍しくすり寄って来るから、大喜びで撫《な》でたり抱きしめたりしたいと思えば、「嫌《いや》っ！」って振り切ってしまったり。私の足や掌《てのひら》でしてくれれば良いのに遠巻きに近寄らず、机の足などに頬を擦り付けて「ぐるぐる」言っている。「こっちにおいで！」と言えば「ぷいっ！」って行ってしまう。まったく、なんてつれないんだ。

こんな思いを抱いている愛猫家さんは、かなり多いのではないでしょうか？　故に、「猫はつれない生き物である」と思う人は愛猫家さんの中に少なくない。否、むしろ猫に対する思いが強ければ強いほど、「つれない奴だ」という思いが募るのではないでしょうか。では、何故？　猫たちは人間の想いを弄《もてあそ》ぶような「つれない態度」を取るのでしょうか？　それには理由があるのでしょうか？　その時の猫の心理とは一体どのようなものなのでしょうか？　否、そもそも「つれない」は、果たして本当のことなのでしょうか？

まず、「つれない」という意味合いについて確認致します。辞書の類いによれば、「つれない」とは、思いやりが無い、薄情である、冷淡である、などと「いや、そこまでは言うつもりもないし、思っていないゾ」というような過激な意味合いが飛び込んで来ます。そして、その後に、「素知らぬ素振り」とか「よそよそしい」などと出て来て「あっ、それそれ！」と思ってしまう訳です。

例えば、珍しく空腹でもないのに、すり寄って来るので「えっ！　どうしたの？　珍しく甘えたいの？」と撫でようとすれば「何すんのよ！　止めてよ！」という表情に豹変《ひょうへん》する。否、「豹変」という言葉をここで使ってしまうと、後々「これこそ豹変」という時に困りますので、「というつれない素振りに急変する」と致しましょう。じゃあ、あの「猫撫で声は？」って、これも猫ですから当然なんですが、「甘え声」は何だったの？　すり寄りは何だったの？　はっきり言って「君、自己矛盾じゃないんか？」「発言も仕草も破綻しているゾ」と思えるのです。もしくは、「じゃあ、何が望みだったのかい？」「どうすれば、最初のご機嫌が続いて、むしろ増したりしたと言うんだ？」そういう行動を取る限りには、ちゃんと説明してもらいたいものだ。でないと私は、君という人（生き物）を理解出来なくなってしまう。などというのが本音であっても。愛猫家というものは、全く立場が低いので、そんな偉そうなことは「思っていても言えない」。「ねえ、頼むから教えておくれよ」がせいぜいなのでしょう。

そこで、人間は考える。とりわけ「猫好き」と言われるタイプの人間は、「犬好きタイプ」とは異なり「社会性、序列《じょれつ》意識、ルール」の類いにいささか外れ気味の性格が少なくなく、それでいてナイーブだから、「ルールに従い、右へ倣《なら》え」で安心出来ない代わりに、色々とあれこれ考えるタイプが多い。それに加えて「猫の気持ちがわかりたい」という強烈な願望があれば尚更考える。

まず「つれない」という言葉の意味は、正《まさ》しく「素知らぬ素振り」「よそよそしい」というニュアンスであるとします。

では、その理由は？

「素知らぬ素振り」というのは、「甘えたくて可愛げな声を出してすり寄って来た」ことを「えっ？私そんなつもり全然無いわよ」と覆《くつがえ》すこと。または、撫でられたり、抱きかかえたりを、「それは望んではなかったわ」「べたべたしたい訳じゃないもん！」なのかも知れないと考えることは出来ます。背中を掻《か》いて欲しかったのかも知れない。否、手を差し伸べただけで後ずさりしたから違うのだろう。やっぱりわからない。何だと言うのだ？

究極の裏技的な推論は、「つれないは遊びである」という仮説です。言わば「つれないごっこ」。「つれない素振り」をしてみて、私たち人間が切なく哀しむのを見て楽しむということでしょうか。ならば、こっちも逆手にとって「つれなくする」のが最も適切で、最も猫の希望にそうものなのだろうか？　いやそれは違うでしょう。おそらくそれは相当に傷つくに違いない。さすれば、やはり、私たちが切ない想いに苛《さいな》まれるのを楽しんでいるということに帰結《きけつ》してしまいますが、そうなのか？ それで良いのか？ ねえ君たち！

このような、人間の必死の推考《すいこう》にも拘《かかわ》らず、真実はもしかしたら意外なものかも知れません。勿論《もちろん》、猫は個体差も大きいし、同じ子が時と場合によって、色々気分も変わるかも知れません。

TRUTH 002

猫は気ままってホントの話？

愛しの猫たちを想う家族（飼い主／オーナー）が感じる切ない想いの言わばトップ2が「猫は気まま」ということでしょう。「気まま」と、この後に述べます「我が儘《わがまま》」との違いや、そもそも先に述べました「つれない」との違いがわからないとか、同じじゃないか、とか、どうでも良いと思う方は少なくないかも知れません。が、この似て異なる微妙な違いにこそ、猫たちの健気な思いや、感情の微妙な襞《ひだ》が隠されているのです。

前項で述べましたように、「つれない」という表現によって表される猫の素振りは、実は、私たちに対してかなり好意を持っている証《あかし》です。ただ、複雑な心が整理されていないが為だったり、複雑な心を私たちに受け取って貰いたいが為に、いじらしく投げつけたものであるのに対し、「気まま」「我が儘」は、必ずしも全て私たちに向けられたものではなく、その多くは、猫が独りの時にも行う行動に根ざしていると考えられます。故に野良であっても、留守宅で独りで居ても大体同じようなことをするに違いないのです。

まず「気まま」と人間が評する猫の行動は、「ガツガツと猛烈な食欲で食べた」かと思うと、「全く食べようともしない」という食に関する問題。同じように、やたらにしたがるかと思えば、心配させられるほどしない、という食と密接な関係にある排泄の問題。これらは健康に直結しますから、大いに心配させられる訳ですが、「体調の変動」なのか？　それとも「気分」なのか？　大いに翻弄《ほんろう》されてしまうのです。しかし、この「気まま」に関しては、猫の事情を最大限に弁護し、私たちの誤解を解き、深い思いやりを促《うなが》すべきかも知れません。

まず、最も大切なことがふたつあります。ひとつは、猫が人間の為に野生を捨てて、人間に寄り添うことを決めてから数千年が経った今日でも引きずっている「野生の本能」というテーマです。そして、もうひとつが、あの小さな体に潜《ひそ》む、私たちが疑似体験どころか想像も出来ないほどのデリケートさ、哀しいハンデと、めまぐるしく移り変わる体調変化の事情というテーマが存在すると考えられるのです。

「野生の本能」というのは、猫という生き物が、鋭い爪と牙《きば》を持っていようとも、基本的に攻撃も防御《ぼうぎょ》も決して強力ではないという哀しい事実に起因します。他に猫に与えられた武器は、その俊足《しゅんそく》で逃げることと、巧みに樹木や塀、壁をよじ登れるなどしかないのです。そして、その行動を支える最大の力が、見事な「切り替えの妙技《みょうぎ》」なのです。

猫は、ぐっすり昼寝をしている時以外は「がっついて食べている」かと思えば「直ぐ食べるのをやめてしまう」とか、「のんびり歩いていた」かと思えば、「急に走り回る」。また、「突然爪研《つめと》ぎをする」。そんな仕草を何度も見ていれば、「次は爪研ぎか？」と思えばしない。かと思えば思い出したように「爪研ぎ」をする。これらは皆、猫の強烈な「集中力」から生じている特異な行動と考えられます。つまり、短時間にもの凄く集中して物事に取り組み、それを引きずらずに「ぱっ！」と切り替えることが出来る。その技こそが、猫が野生で生きて行く上で最も大切な「防衛策」だったと考えられるのです。俊敏《しゅんびん》な反応と俊足の逃げ足も、何かに捕われていて、切り替えが直ぐに出来なかったらアウトです。また、「がっついて食べる」も、ゆっくり食事をするなどということが、野生では与えられなかったからに他なりません。勿論《もちろん》そこで、お腹が苦しいほど食べてしまっても、動くことが出来ません。

猫がどうしても足を止めてしまう時は、嘔吐をする時と、排泄の時です。排泄は小出しに分けてすることも出来ますし、実際その癖が強い子は少なくない。しかし、嘔吐ばかりは、動きながらや何度かに分けるという訳には行かない。時折、家猫暮らしに安心しきって食べ過ぎる子も居ますが、本能的に「今が喰い時だ」とがっついても「はたっ！」と食べ過ぎに気づくのかも知れません。

ところが、この「切り替えの妙」は、実は猫の元々弱い臓器や体を、むしろ痛めつける哀しい技なのです。猫が急に走り回っても、突然倒れたように横たわり、「はぁはぁ」言っている（口は開けませんが）のも、心臓が決して頑強ではないのに、無理無茶をして全力疾走をする。それが心臓に与える負担は計り知れないほど過酷なのです。それでも、たまに思いたったように、「突然走り出す」ということをしないと、その機能が衰《おとろ》えてしまいます。

TRUTH 003 猫は我が儘ってホントの話？

一方、この「我が儘《わがまま》である」に関しては、さほど弁護出来ない事実かも知れません。勿論《もちろん》、個体差もあります。加えて、そのハンデを多く背負った小さな体は、めまぐるしくその体調が変化する中で懸命に、「ある一定の状態」を保とうと働いています。そもそも生き物は皆、「血糖値が上がれば下げ、下がれば上げる」「血や尿の pH が下がれば上げ、上がれば下げる」というバランス維持機能「恒常性《こうじょうせい》」によって生かされています。それが狂い始めることが万病の根本原因であり、東洋医学では、感染症でさえも基本に恒常性の疲弊《ひへい》や弱体化があると説きます。

この意味では、「猫が気ままに突然走り回る」には、短時間で急速に「血液の pH を下げる」必要に駆られた場合もあるのかも知れません。勿論それは、通常体内で静かに行われている筈《はず》の「恒常性」では間に合わないからです。その意味では、猫の「気まま」は、切ない必然によって突き動かされたものであるとともに、何らかの不調が体の奥底に潜んでいることも示唆《しさ》しているのです。

と、言いつつ、基本的に猫は「けしからん我が儘さ」を持った生き物でもあります。そもそも猫には、「他者への思いやり」という意識が殆《ほとん》どありません。ごく希《まれ》に、それこそ百頭に一頭ほどの希少さで、他の猫のことを考えている子も居ますが、基本的に他の子が具合が悪かろうが、親兄弟が死のうが、平然と自分の体の調子に専念しているのが普通の猫です。日本猿が、我が子が死んだというのに、認めることが出来ずにずっと抱きしめていたり、野良犬が車に轢《ひ》かれ動かなくなった相方の側《そば》を離れずにずっと寄りそってグルーミングしていたりするような姿を、猫に見ることはまずありません。しかし、これさえも、もっと深い理由、高い次元で弁護することが出来るかも知れません。そのひとつは、「生きる闘い」というものが、ハンデを背負って時間（寿命）が短い猫にとっては、熾烈《しれつ》極まりない過酷なものであるということです。戦争に喩《たと》えるのはいささか語弊がありますが、激戦の最中では、倒れた戦友を哀しみ弔《とむら》っている時間は無いに違いありません。もうひとつの理由は、猫は直感・霊感の類いが非常に発達しているということに起因します。つまり、親兄弟に死が訪れることは随分前にわかっていて、心の中で既に別れの辞《じ》は尽くしていたのだろうという推測です。加えて、死後も、しばらくはその魂が側に居てくれるのであるならば尚更です。猿や犬には申し訳ありませんが、猫から見れば犬や猿や人間は、「生き死に」についても「魂の存在」についても「よくわかっていない（お馬鹿さん？）」のかも知れません。

TRUTH 004 猫はマイペースってホントの話？

犬猫や動物の専門家の中では、「猫がマイペースなのは、犬ほどペット化されていないからである」ということと「猫の先祖が群生性ではなく、単独性であるからだ」という話が定説になっています。このふたつの定説は、確かに理に適っていると思われます。「単独個人行動」が基本なのですから、誰かに追いつく必要も、誰かを待つ必要もないのです。

ところがそれが基本の筈《はず》ですが、ご飯時《どき》になるとそうも行きません。当初一人っ子で、気ままに何度かに分けて食べていた「超マイペース」だった猫が、子供が生まれた途端に授乳と自分のご飯のスケジュールをやりくりせねばならなくなる。子供が離乳すれば、ご飯時に頑張って完食しないと子供に取られてしまいますから、猫も必死に「自己改革」に取り組むことになります。

逆に言えば、マイペースが保てるのは「一人っ子の家猫」くらいなものかも知れません。野良猫は幾つかの食べ物の在処《ありか》を確保しているとしても、それらには決まったスケジュールがある筈です。ラーメン屋の親父さんが仕込みの途中で余り物をくれるとか、生ゴミが出されて回収車が来るまでの人気《ひとけ》の無い限られた時間とか。

実際、野良猫を成猫で保護し人間との暮らしに慣らすのは難しいですが、それでも理に適ったプロセスで根気良く取り組むと、家猫より律儀で礼儀正しく、しかも深い信頼感で心を通わせてくれる率がとても高いのです。それは、「野良は苦労を知っている」からであり、ものごとの「有り難み」が理解出来るからに他なりません。

TRUTH 005 猫は夜行性ってホントの話？

比較的最近の話ですが、猫カフェの夜間営業が、動物虐待に相当する（明るい照明で寝られない）という批判に対し、一部からは「猫は夜行性なのだから、おかしな批判だ」の反論もありました。「猫は夜行性である」は、動物学的には疑いの余地がないのだろうと思われます。しかしながら、実際の猫の暮らし、習性、そして、現代社会に於《お》いて人間に寄り添ってくれる猫たちの気持ちや、健康を総合的に考えた時、動物学的な正論・定説は、時には「遠からずとも当たらず」なのではないでしょうか？

まず、「夜行性」の定義ですが。少なくとも猫に関して言えば、「食事の為の狩り」と「交尾を夜に行う」ということに尽きます。言い換えれば、それらを夜にする為だけであり、その他は、夜である必然は全く無い、ということです。

そもそも「猫の語源は、寝る子である」とさえ言われるように、一日の四分の三、五分の四、寝ておりますから、「昼寝て夜働く」という概念に於ける「夜行性」とは意味合いが違います。また、昼寝も大好きですから、「眩しいと眠れず、ストレスが」というのも、「遠からずとも当たらずとも」なのかも知れません。勿論《もちろん》人間が周りで「わいわいがやがや」言っていれば「うるさい」とは思うでしょう。しかし、人間にもあります「識別能力」は、猫は人間以上に優れていると考えられます。人間も音楽を聴いたり、人と会話をしている時には、録音機械には確かに雑音として記録されるエアコンの音などが、「聞こえない＝意識から消す」ことが出来ます。なので、猫も、「人間のざわつき」「車の音」「飛行機やヘリコプターの音」など、正体が理解出来、慣れている音は「意識から消す」ことをしている筈《はず》です。勿論ここでも個体差はあります。また、目の色がブルーなどで、色素の薄い子は、他の目の色の子よりも眩しさが辛いようで、腕で目を覆うようにして寝ています。言い換えれば、必要に応じて臨機応変に生きてくれてもいる訳です。さすれば「猫は夜行性である」ということに関して、さほどこだわったり、神経質になる必要はないのではないか？　ということが出来る訳です。ところが、野生のＤＮＡが決定的に作り出している大切な条件も存在します。それは、夜に狩りをして、食事をすることです。それによって、猫の消化器は、夜に胃が働き、夜明け前に腸が働き、午前中に消化吸収が行われ、午後に代謝し燃焼し、細胞が活性化するというサイクルを持っているのです。人間でも、「朝は軽め、午後に十分、夜も軽食」を奨《すす》める説があるように、猫も「日中は軽め、深夜に充分、朝はあげない」などの考慮は、実際消化器をサポートし、吸収効率を上げるデータも出ているようです。

このように、もし「猫の夜行性」を考えるのであるならば、最も大切なことは、その食事であると言うことは出来るに違いありません。

TRUTH 006

猫は孤独性ってホントの話？

「猫は孤独性、単独性である」という定説もまた、ある程度確定的な事実のようです。しかし、ここでもまた、そのことを今一度掘り下げたり考え直したりする必要があると思われます。

まず「孤独性、単独性」の「言葉の意味」と、「本質的な性質」について考えねばなりません。言葉の意味に関しては、「群棲《ぐんせい》／群生性《ぐんせいせい》」に対する対義語、比較から生じた言葉であるということの再認識です。本書では、「孤独性、単独生性」の他、「独立性、独立棲性」などの言い方を、文の主旨に応じて敢《あ》えて混用しています。正しくするならば全てを列記せねばならないのですが、却《かえ》って混乱しますので、ご了承下さい。

「群棲／群生性」は、サバンナの草食動物、鹿や羊の仲間たち。及び、人間や猿や犬といった「群れて暮らし、行動する生き物」、小さなところでは、「蜜蜂、蟻」なども同様です。この「群棲／群生性」の必然性とメリットは、草食動物の場合、「天敵を発見するアンテナの数が多いこと」と、「単独より仕留められてしまう確率が低い」ということです。逆に、人間、猿、犬のような雑食や、肉食に傾いた雑食の場合、「集団で狩りをする合理性」が最大のメリットでありましょう。つまり、「群棲／群生性」の生き物は、攻めるにも守るにも好都合なシステムとして「群れている」訳です。勿論《もちろん》、その為に失うもの、犠牲になるもの、強いられるものも多くあります。特に、「団体活動に不可欠な協調性」であるとか「全体主義的価値観」というものは、「群れの掟《おきて》」であり、背《そむ》く者は排斥《はいせき》されてしまい、時には天敵に対する攻撃より熾烈《しれつ》な仕打ちを受けることがあります。

一方、草食が肉食にやや偏り雑食になるにつれて個体差も増すのでしょうか？　人間や犬、猿は、鹿や羊よりも体格の違いや性質の違いが大きいように思われます。それでも「全体主義」が基本な訳で、当然そこには「差別（分別）」と「序列」が生じる訳です。「働かざるもの喰うべからず」的に、体が小さく弱い者は分け前が少なくて当然。序列も下位に置かれる。そして、生涯大きく強くなることは無い。必然的にＤＮＡを残すチャンスも奪われ、言わば「群れのお荷物」として短命に終わり排斥されて行く。当然のことながら、生物学的に考えても、進化論で考えても、そのような「弱者」は、やがて「ゼロ」に近づいて行く筈《はず》なのに、何故かそうでもなく、常に何十パーセントかは存在するのです。

対する「孤独性、単独生性」の猫の場合は、決定的に「協調性」が無い。全く呆《あき》れるほど無いのです。外敵に対し、力を合わせて立ち向かうということさえ不得意。個々で敵に対峙《たいじ》する感覚しか無いものだから、途中で気を散らされることがあると、しばしば敵の居場所も味方（少なくとも敵ではない）の識別も忘れてしまう時さえあります。従って当然のごとく「俺がおびき出すから、お前は潜んでいてタイミングを見計らえ」などという共同作戦など出来っこない。逆に、自分に向かって来ない限り、さっきまで仲良く寄り添って昼寝をしていた仲良し兄弟が、喧嘩相手と一触即発になろうとも意に介せず無関心。「助太刀《すけだち》」どころか「仲裁」などという意識も無いのです。猫に無いこれらの感覚が、如何《いか》に「群れ感覚」の産物であったか、を思い知らされます。

その代わり、「自意識」というものが皆無に等しいのも猫ならではの特徴でしょう。自分の置かれた位置が、群れの中のどの辺りであるか？　という意識と、目上、目下の識別と、序列の認識は、群れに生きる者にとっては不可欠のものです。それは当然「比較意識や損得意識」「自意識や扱われ方に対する認識」という意識・感情を育てます。「比較意識」は「向上心」を生み出す場合もありますが、「妬み、恨み」も生み出し、「自意識」は、「気遣い」や「客観性」を生みますが、「自律心、自立性」を脆弱《ぜいじゃく》にします。時には「本音と建前《たてまえ》」「裏表」の感情の二重構造を作り出し、自身が自覚があれば良いですが、無い場合には、病的で芳《かんば》しくない多重性格構造を作りかねません。つまり、「群れに生きる上で必要な意識」は、「個の精神」を蝕《むしば》んで行く方向性にあり、様々な災いの源泉であるとともに、バランスを崩すと心の病を引き起こすという哀しい性質を持っているのです。そう考えると、自意識が殆《ほとん》ど皆無の猫は、精神的に実に健康的であるとも言える訳であり、例えば、猫が「好きだよ」ということは、かなり純粋にそうなのだろう、ということ。裏表、本音と建前が無いのですから、正直で素直だ、信じられる存在だと言えるのです。

そんな猫にとって、最大かつ最も切ないテーマが「孤独性／単独生性」であるからと言って、果たして「孤独を愛する生き物なのか？」という問い掛けです。詳しくは第十章で述べますが、結論を言えば、猫は、決して「孤独を愛している」訳ではありません。しかし「孤独から逃げよう」とも決して致しません。例えば、人間の場合、社会がこれほどまでに発展成熟していれば、最早《もはや》「群棲性」の必要性はさほど無い筈ですが、人間は、「孤独に克《か》てない」生き物なのでしょう。むしろ孤独から逃げて仲間を得ようとする。自分を認めてくれる人を懇願する。しかし、猫は、孤独に耐えきれずに、仲間を得ようとしたり、群れたりはしないのです。だからと言って、猫に「孤独という概念や感覚が無い」という訳でもなく、「寂しい」という感情について言うならば、むしろ「とても寂しがり屋」です。

TRUTH 007

猫は短気ってホントの話？

「猫は気が短い」「猫は短気」「猫は直ぐ怒る」という印象は、「大きな誤解である」とも言えますし、逆に「当たらずとも遠からずだ」とも言えます。いずれにしても、猫の素晴らしい精神性をきちんと理解して頂ければ、「短気である」というひとつの側面を斜めから見たような評価には、さほど意味がないことがご理解頂けると思います。その「素晴らしい精神性」は、「切り替えの早さ」から生まれた「思いを引きずらない」ということで、その根底には、「孤独に耐える」「我慢強い」「弱音を吐かない」「他者のせいにしない」という真摯《しんし》で孤高《ここう》で健気《けなげ》な猫の本質が見て取れます。

その一方で猫は、「被害者意識の哀しみ」も抱かないとともに、「私利私欲が満たされた歓びや楽しみ」の感情も抱かないのです。その代わり、愛しいものに対する切ない思いに駆られ思わず微笑む。または、寂しさ哀しさを感じるのです。歓び、楽しさ、嬉しさの感情は、殆《ほとん》ど表現しませんけれど、なんとなく哀しそうな表情はしばしば見ることがあります。

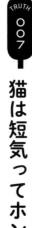

どんな生き物でも、授乳やそれに相当する時期に、我が子と向かい合う表情には優しさが感じられるものです。しかし、これも個体差が当然あって、条件は同じか、むしろ好条件であっても余裕がない母猫は、何時《いつ》も緊張しています。逆に、根っから明るくて可笑《おか》しくて、ひょうきんな性格の子は、母になっても何処か余裕があるものです。そんな愉快な猫が我が子を見る表情にも、かすかな微笑みを感じることがあります。

このように、猫は、「喜怒哀楽」の感情をしっかり抱く、高度な知能の生き物なのですが、何しろ「切り替えが早い」ことと、当然のごとくの「引きずらない」ということで「クール」に見えることが、最大の特性であることを理解するべきではないでしょうか。それどころか、さっきまでグルーミングしていたのに、突然怒り出し、立ち上がって「うー!」「しゃー!」と言って、「猫パンチを喰らわす」、喰らう方は、這《は》いつくばって耳をしまって斜めに見上げる。でも、その後は、また「けろっ」と忘れて寄り添って昼寝をしているのです。

「短気」と言えば「怒りっぽい」というように悪い意味ばかりに取られがちですが、「喜怒哀楽」いずれの精神状態も「ずるずる長引かせず、短い」という意味の「短気」と考えれば、猫の様子はほぼ全てそれに当てはまります。だからと言って、「喜怒哀楽」を感じていない時は、何も思わない無感情な状態か？　というと、実はそうではなく、言わば「悟りの境地」なのです。その猫本来の精神状態こそは「安泰、安心、平和、満足、ゆとり、幸福」なのに違いありません。

その素晴らしい「心持ち」の時間を大切に思い、その状態を最善であると思うならば、「喜怒哀楽」は、良さげな「喜楽」も、芳《かんば》しくない「怒哀」もいずれも「突発的な特殊な感情」であると考えることが出来ます。故に、それらではない、ニュートラルな精神状態こそが理想的な状態なのです。その時間を大切に慈しみ、満喫する為には、イレギュラーなものを「引きずっていては駄目だ」と悟っているかのような見上げた猫の精神性。それを一面だけ捕らえて「短気である」とするのでは、人間は、猫に学ぶチャンスを失ってしまうのではないでしょうか。逆に言えば、私たちは「喜怒哀楽」の感情の自覚によって「自分の存在」を確かめているに過ぎないかも知れません。でないと、「群れ」のステレオタイプ／画一性に自分を見失ってしまうからです。そのせいで、猫のような純粋な「喜怒哀楽」がわからなくなっている可能性は大いにありそうです。

TRUTH 008 猫は家に着くってホントの話？

最近では、あまり聞かなくなり、言う人も少なくなったようですが、「犬は人に着き、猫は家に着く」という言葉がありました。犬は、その家に居られることの歓びよりも、人間の誰か

（家族の中の誰か一人か二人）との心の通い合いを至福と感じるのに対し、猫は、「つれない」「気まま」「我が儘《わがまま》」「マイペース」と、人間との繋がりはさほど重要に思わず、「居心地の良い、安全で安心出来るお決まりの場所」の確保を優先していることを、若干揶揄《やゆ》して述べた言葉であると思われます。極論かも知れませんが、犬の様子を見ていると、ご主人さまに与えられた犬小屋であれば、どんな所でも甘んじてそれを享受《きょうじゅ》し、骨かガムでも与えられれば、一日中、のんびり過ごし、散歩のお誘いを心待ちにしている感じがします（私はワン子とも何度も暮らしましたので偏見は無いつもりです）。それに対して猫は、季節（温度、湿度）、一日の時間帯、気分（とは言っても色々事情があるに違いない）、睡眠の質に応じて、一頭が二～三カ所「お気に入りの場所」を持っていて、それが自在に選べる部屋や家が「安住の場所」で、「ご主人さん」など二の次どころか五の次、六の次。否、そもそも「ご主人さん」とも思っていないに違いない。確かに、そんな風にも見えますし思います。

猫研究者の間ではよく語られている紀元前のエジプトの話ですが、当時、家が火事になると、神聖な存在であるとともに穀物を鼠《ねずみ》から守る大切な家族である「猫」を守る為に、消火を後回しにして人間が家の周りを囲んで人垣を作り、猫が燃え盛る家に飛び込むのを防いだという話です。パニックで飛び出したは良いが、その後「安心出来る場所に急いで戻ろう」としてしまう習性故のことなのでしょう。また、有名な昆虫学者ファーブルは、晩年極貧にあって何度か引っ越しているようです。それでも猫は常に数頭居たようですので愛猫家でもあったのでしょう。二〜三度、猫が百数十キロを旅して、しかも大きめの河を渡って元の家に戻ってしまったと記しています。このような話も含めて「猫は人に着かず家に着く」という言葉には、それなりの説得力もあり、納得もするのですが、人間の家族（飼い主／オーナー）が引っ越すという時「俺はこの家が気に入っている」「あんたたち行くのなら勝手にどうぞ！」「俺はここで次に入る人間に世話をさせるから」というのが基本にある訳ではない筈《はず》です。

放浪性もあれば、テリトリーも広く、活動範囲も広大な上、猫の数十倍持久力がある犬が「居場所に対して執着が無い」ことと、その逆の性質がある猫が体を休める安全な場所を求めることは、比較出来ない位にやむなき必然がある筈です。だからといって、これと「つれない、気まま、我が儘、マイペース」の誤解と決めつけを重ね合わせて「人に着かない」とするのは、大いなる誤解と言わせて頂きたいと思います。

TRUTH 009 猫は奇麗好きってホントの話？

「猫は非常に奇麗好きな生き物である」という定説もまた、「遠からずとも当たらず」であるかも知れません。勿論《もちろん》「汚くて平気」ということは絶対にありません。が、「奇麗好き、清潔好き、整理整頓されているのが好き」などなど微妙なニュアンスの違いを検証するならば、「必ずしもそうとも限らない」ということが出来ると思います。

それはまず、猫の本能や習性、野生の頃に染み付いた魂の記憶などの事情を理解してあげるべきでしょう。そして、それとは別に、前項で述べました「居心地の良い、安全で安心出来るお決まりの場所」をとても必要としている思いや必然性との関係を考慮すべきと思います。

まず、既によく語られている野生の本能、野生で生きる上の事情としての「奇麗好き」は、言わば「清潔好き」とも言えるものです。まず毛繕《けづくろ》い（グルーミング）は、体臭を舐《な》め取るという意味がある訳です。これは、天敵と獲物の双方に、臭いを嗅ぎ付けられないように極力無臭で気配を感じさせない為と言われています。同じように、トイレで「砂を掛ける」行為も、排泄物を埋没させて臭いを消し、存在を悟られないようにしていると言われます。猫と暮らしたことがある方は、やっと買って来たご飯や、食欲不振が心配であれこれ替えて出すご飯の脇で「砂掛け仕草」をされて、「がっくり」来たことがおありな筈《はず》です。食べ残しさえも埋没隠滅《まいぼついんめつ》させるのです。

この「トイレと体の臭い消し」にこだわるのは、天敵と獲物に対して行う必然的な行為なのですが、その他に「奇麗好き」「清潔好き」「片付いていることが好き」であるかどうかに関しては、かなり疑問が残ります。むしろどちらかというと、整然と整理整頓された物が少ない部屋よりも、雑然と散らかっている部屋の方が、原っぱ風で好きなのかも知れません。「さっ」と身を隠す箱やら籠やらが散らばっている方が楽しいし、いざという時に役に立つとも考えているようです。外出から帰宅してみると、ティッシュを箱から全部引っ張り出して、奇麗に片付け掃除した部屋が「雪景色」になっていた、という方も少なくないのではないでしょうか？　私はやっと書き上げ、猫のマーキングで不調になったプリンターでやっとプリントした原稿が、部屋一面に敷き詰められ、しかもあちこちでマーキングされた時は愕然《がくぜん》を通り越して卒倒《そっとう》しそうでした。

TRUTH 010

飼い主に死に様を見せないという話

「猫は、自分の死期を悟ると忽然《こつぜん》と姿を消すことがある、それは世話になった飼い主に死に様を見せたくないからである」。この話ほど切なく哀しい話は無いのでは？　愛猫家さんは皆そう思って聞いたに違いありません。しかし、結論を言うと、どうもそのような律儀なことではないようです。生態学的に言うともっと切なく哀しい猫の想いと事情があるようです。

　まず、猫は野生の頃の本能で、具合が悪い時には、自分でなんとかする。つまり「自然治癒力」を以《もっ》てして乗り切ろうとし、無駄なエネルギーを使わず、じっと動かず、なまじ食事をして消化器を酷使《こくし》する位なら断食をしてでも治そうとするのです。その際に、外敵に見つからないような暗く静かで狭い場所に入り込んで籠《こも》ろうとするのです。しかし、炎症反応が起きていれば発熱しているので、冷たい寒いところが良い筈《はず》もない。一瞬「すっ」とするかも知れませんが、気温が下がって体温が下がれば発熱は楽に感じても免疫力も下がります。百害あって一利無し。逆に、何らかの栄養失調状態や、末期症状での低体温状態であったならば、「多臓器不全」を引き起こし即命取り。それでも猫は、そこで辛抱すればなんとかなると思ってしまう。そして、大概《たいがい》飼い主にとうとう見つけられることなく、信じられないような意外な場所で、それも比較的近くで息絶えるというのが通常のパターンのようです。

なので私は、「完全室内飼い」であっても、重篤《じゅうとく》な時はメンテナンスケージに入れて保温します。むしろ、私が帰ってくるのを待って、腕に抱かれてから逝った子も何頭も居ます。多くの猫が生まれ変わりを信じていたとしても、最後まで逃げずに戦って来た今生《こんじょう》の最期は、やはり死の恐怖との戦いなのでしょう。抱きしめられながら、苦しく辛い痙攣《けいれん》や呼吸不全の痛みをぶつけるように、振り絞るようにして逝ってしまいます。

「猫は自由が一番」として、「半外飼い」を良しとする飼い主さんは未だに少なくないようですが。せめて最期だけは、温かいところで、見守って看取ってあげて欲しいと思います。

CHAPTER 02

猫の知能に関する10の疑問

TRUTH 001

猫の知能は人間三歳児レベルについての疑問

「猫の知能は人間の三歳児レベルである」という説は、専門的な方々の間でほぼ定説になっているようです。勿《もち》論《ろん》、人間の三歳児にも猫にも個体差が大きくありますし、そもそも知能レベルが高かろうと低かろうと、人間がして猫がしないこと、猫がして人間がしないこと、人間に出来て猫に出来ないこと、猫に出来て人間に出来ないことの大きな違いがありますから、比較すること自体が無意味である、という意見もあることでしょう。しかし、愛猫家さん、猫好きさん以外の一般の人々に「へー！　意外に賢いんだね！」と再認識して頂く意味に於《お》いては、このような話は決して無駄ではないと思います。

　猫は、言うまでもなく「概念としての言語」も「言語を共有する為の名称呼称」も持っていません。しかし、多くの愛猫家さん、猫と暮らしている方々が、「幾つかの言葉をちゃんと理解する」という実体験を持っています。「自分の名前がわかり、返事をする」「ごはん、と言われ激しく反応する」に始まり、幾つかの言葉が理解出来るとおっしゃる人は少なくないのです。また、これは比較的希《まれ》な子の話ですが、「〇〇ちゃん何処？」と訊いたら、その子が隠れている場所まで案内してくれた子が居ました。しかし、言語が理解出来ることや知能レベルが云々《うんぬん》以上に、「心や想いが理解出来る、思いやれる」ということの方が遥かに重要であり、生きて行く上で豊かであり、美しいと言えるのではないでしょうか？　このことを考えれば、猫は人間の並の三歳児のレベルを優に越えている可能性があります。

TRUTH 002 猫を叱る三秒ルールについての疑問

「猫を躾《しつ》けたり叱ったりする時は、現行犯逮捕でなくてはならず、それもしでかした三秒以内でないと、何を叱られたか？　何で怒っているのか？　が理解出来ない」略して、「三秒ルール」というほぼ定説があります。これは、学術的信憑性《しんぴょうせい》云々《うんぬん》以前に、極めて多くの愛猫家さんたちが、その経験則で同意していることのようです。確かに、猫は「忘れっぽい」ところがあります。しかし、それも前章で述べましたように、野生（野外）の暮らしの中で必然的かつ強烈に身につけた「切り替えの妙技」の為《な》せるもので、記憶力が乏しいということでは決してありません。否、むしろ記憶力は相当なものではないか、と思わされることはよくあることです。

　その一方で、人間の事象をファイリングして区別、認識出来る能力が、猫には幾分《いくぶん》欠けている可能性があります。しかし、これも刺激と教育によって開花する可能性、つまり潜在能力は決して乏しくはないと思われます。仮にある程度猫も記憶や情報をファイリングして整理するとしても、猫のファイルが、「したいこと」「したくないこと」の二大分類だった場合、それが私たちが猫に求める「して良いこと」「してはいけないこと」と一致していなければアウトです。実際、一致していないことが殆《ほとん》どで、むしろそっくり逆さまだったりするのです。当然、猫にとっては、そもそも納得が行かない筈《はず》ですから、三秒以内であろうが、時を経てからであろうが、反省もしなければ、懲《こ》りもしないかも知れません。

また、猫の「切り替えの早さ」との関わりでも検証すべきでしょう。確かに三秒から一分程度ですと、例えば「盗み食い」の場合、まだ舌なめずりで「戦利品の美味の余韻《よいん》」を楽しんでいる時間かも知れません。が、それを過ぎたら猫はもう次のことに切り替わっているに違いありません。そこで「あっ、これ食べたな！」と叱ったところで、その瞬間にしていることが叱られたと思うかも知れないのです。それほどに切り替えが早いのです。この「切り替えの妙技」は、「素晴らしい集中力」とも表裏一体の関係にあり、ある意味「過集中」とも言える猫の集中力は、逆に言えば「切り替えること」「忘れること」によって成り立っているとも言えます。

TRUTH 003

猫は数がわかるか？

「猫は数が理解出来るか？」という命題ですが、前項までで述べましたように、猫には、論理的な概念が欠乏している可能性はあります。否、正確に言えば、私たちとは別な、しかし、極めて論理的な何かを有している可能性はあります。

例えば、猫が文字が読めたとして、その驚異的な「動体視力」と「運動神経」を持ってすれば、強烈なスピードで自動スクロールする画面の中で、瞬時にKey-Wordを見出し、猫パンチでスクロールを止める、などという技を簡単にやってのけるかも知れません。また、猫が人間より遥かに勝っているのが、「全体把握《はあく》能力、俯瞰《ふかん》力」です。論理性というものが、系図のように枝分かれしている構造全体を差すのであるならば、猫は人間以上に論理性の全体像を把握《はあく》出来るかも知れないのです。

そもそも人間が論理性を生み出し発展させたのは、人間が本質的には非論理的であるからである、とも考えられます。つまり、元来人間は、系図や、樹木が幹から枝葉に至るまでの姿のような「全体構造」を忘れがちで、その思考性が、「あみだくじ」的になり易い。枝葉の先端で、先へ先へと行くことしか考えない天道虫《てんとうむし》のような思考性です。ところが猫の感性と叡智《えいち》は、樹木全体像や、あみだくじ全体像をもの凄いスピードで把握《はあく》するのです。もし猫がペンで図画を描くことが出来るならば、「あみだくじ」でさえ数分見せただけで別の紙にそっくり書き出すことが出来るかも知れません。そんな能力を秘めているかもしれない猫に、ワン子を調教するように「数」を教え込んで、出来たら出来たで「偉いね！」「賢いね！」と褒めることは果たして意味があるのでしょうか？

「猫は数が理解出来るのか？　の答えになっていない！」とおっしゃるかも知れませんが、その一方で、実際猫は、かなり数をわかっているのです。何しろ二〜三頭並んで皿にドライフードを盛って貰ったその瞬間、目の前の二〜三の皿の何《いず》れが一番多いか？　大体一食あたり、フードの粒の大きさでも変わりますが、70〜95粒くらいでしょうか？　それを1〜3粒程度の違いで、瞬間的に把握《はあく》するのです。しかし、その数が「幾つだったか」という概念は持っていないのです。つまり、猫は「数を数える」ということはしませんが、「Amount」や「Volume」という概念は理解出来るどころか、人間を遥かに上回っているのです。それをして「数がわかるか否か？」と問うのは、愚問ではないでしょうか。

TRUTH 004 猫は人を区別出来るか？

「猫は人を区別（識別）出来るのか？」この命題は、激しく「YES！」としか言いようがありません。ところが、猫は、喧嘩相手でさえも、しばしば「あれっ？　こいつ誰だっけ？」と思ってしまうようで、お尻の臭いを嗅いでやっと「うわっ！　こいつ、あいつじゃないか！」「しゃー！」と言ったりしています。猫は、対象を様々な知覚を使い分けて認識しているようなのです。言い換えれば、様々な知覚が交錯《こうさく》し、しばしば混乱してしまうという切ない不器用さがあるとも言えます。

私の娘のような存在だった雌猫は、人間の男女をかなり神経質に認識し、あからさまな態度の変化を見せました。お客さんに女性が来ると「不機嫌」、そのお客さんに対してもとても無礼、失礼な態度。ヤキモチのようです。「何？　この女！」「私の方が良い女だわ」ほどの高慢《こうまん》な態度でした。にも拘《かかわ》らず、男性が来ると、宅配便屋さんでも郵便屋さんでも尻尾《しっぽ》を振って大歓迎する。早々に避妊していましたがそれでも男性には媚《こ》びるのです。あまりのあからさまに、多分にがっかりしたものです。皆さんがフェロモンをまき散らしているとは到底思えません。夜の酒場のホストさんなら別ですが、昼間の仕事中です。むしろ逆の方が多い。おそらく全体的なオーラと、声の高さや声質でわかるようなのですが、それ以前に、玄関先の足音で既にわかっているような賢いと言いますか、敏感、神経質な子でした。かと思うと、別の子で、何年も毎日ほぼ定刻にご飯をあげに部屋に入るのに、滅多に着なかった押し入れから引っぱり出したジャンパーが玄関付近で壁に擦れる音が、「何時《いつ》ものおじちゃんの音じゃない！」と警戒意識にハマってしまっていて、目の前に何時もと同じこの顔があるというのに、ケージの隅に逃げたり、「しゃー！」と言ったりする子も居ました。幾度も声を掛けて「僕だよ！」「おじちゃんだよ！」と言っても怪訝《けげん》そう。これらは、視覚と嗅覚の問題というより、視覚情報と嗅覚情報が交錯し、司令塔が判断出来なくなっている猫独特の不憫《ふびん》な状況であると考えられます。「切り替え」と同様に、猫の最大の武器である「警戒心」の為せるものですが、それがしばしば混乱を来すのですから、つくづく切ない生き物です。

TRUTH 005 猫は忘れっぽい？

半ば冗談めかしい話に「鳥は三歩あるくと忘れる」がありますが、猫も基本的に「忘れっぽい」生き物です。それは何度も述べています「切り替えの技」のせいであるとともに、「新たなものに過集中している」からでもあります。

ところが、何かに集中している訳でもなく、居眠りから起きて「さあ、水でも飲もうかな」と歩き始めて、気が散るものなど何もないのに、「はたっ！」と立ち止まり、「あれっ？」「僕は何処に行こうとしていたんだっけ？」となることがしばしばあります。そんな時、すかさず「あれっ？　忘れちゃったんですか？」と声を掛け、「お水じゃないの？」と器を指差すと、「そうそう」と礼も言わず水を飲みに行きます。ちょっと、気位《きぐらい》の高い子は、「ふん！　違うもん」と逆らって、まず「照れ隠しの爪研ぎ」をしに行き、「まあ、ついでだから飲もうか」と水を飲みに行きます。と、ここまでこのように述べれば、「猫は忘れっぽい」という定説はほぼ確定的であるということになってしまうのですが、実はそうでもないのです。まず寝起きに飲水の為に歩き始めた子の場合、忘れたのではなく、他のことに気が散ったのでもなく、おそらく、何か思考していて、何かのヒントや答えを思いついたのだろうと考えられます。人間が思いもよらないところで、猫はもの凄く思考している生き物なのです。「思考中」は、目つき顔つきが全く異なり、おでこが温かくなりますから、確実にわかります。

むしろ「猫の記憶力」については、驚かされることばかりです。我が家で生まれた子が、過去にたった一回病院に行って怖かっただけなのに、キャリーバッグを見ただけで逃げ回る。缶詰からドライフードに切り替えて三〜四年も経っていても、缶詰を開ける音で大騒ぎ。大昔、それこそ十二年以上前に、紙パックの牛乳を少し舐《な》めたことがあった子は、紙パックを見ただけで大騒ぎ。猫の純真な心は、嬉しかったこともしっかり記憶しているのです、むしろその方がしっかり記憶しているようにさえ思います。嫌なことは再来した時に思い出す程度なのではないでしょうか。嬉しかったことはずっと忘れずにいてくれる。なんて出来た性格なのでしょう。

TRUTH 006

猫は躾られない？

比較的少数意見かも知れませんが「猫を躾《しつ》けることは不可能だ」という、もしかしたら犬派の人か、猫をあまり好きじゃない人、もしくは逆に溺愛している人のご意見でしょうか？　しばしば聞く台詞があります。これもひとことで結論を申し上げるならば「その通り！」と言えるでしょう。しかし、やはりこれも色々な意味合いを経てのことです。

まず「躾ける」ということはどういうことでしょうか？ 人間の場合「躾がなってない！」などと叱られる時、社会的な礼儀が主になり、次いで、マナー作法について言われることが多くあります（ました？）。犬の場合、初めて会う人間に対してむやみに吠えたり「うー！」と唸ったり、飼い主が「ストップ」と言っても、遊び回ったり戯《たわむ》れまくったり。自制心が無く、地面や壁の根元を掘りまくったり、要するにご主人の命令を聞かない、背《そむ》く、感情を制御出来ない時に言われます。その意味で「猫に対する躾」と言うのであるならば、そもそも「お座り！」「お手！」「お預け！」さえ出来ませんから、「躾は無理」となっても仕方がないのかも知れません（無理矢理、躾ける人もたまに居ますが）。

しかし、そもそも人間であろうとも、犬であろうとも、心底《しんそこ》納得して従っているのでしょうか？ 人間の場合、物心《ものごころ》付く前に、意味もわからず強要されて来て、そのようなことが求められない場所では、掌《てのひら》を返したようなぞんざいな態度だったりする場合もある訳です。しかし、猫はそのような「納得していないこと」は決してしないし、出来ないのです。「嘘が嫌い」「嘘は出来ない」純粋で崇高《すうこう》な精神性なのです。言い換えれば納得したことであれば、利己《りこ》に反してもそれに従うことは多いのです。そして「求められてない場所」「誰も見ていない時」でも、その所作を貫くのです。また、犬の場合は、「納得していない」だけでなく、「叱られるから」「叩かれるから」という反射的な強制の要素も大であると思われます。

結論は、「猫は躾けられない」で良いと思います。しかし、「話せばわかる」「わかって納得すれば従う」ということです。

TRUTH 007 猫の躾は三ヶ月まで？

一方猫は、「習慣、お決まり事」に関しては極めてこだわりの強い生き物であり、学術的には「常同性《じょうどうせい》」と言いますが、「しきたり的」であり、「儀礼的」とさえ思える行動を重んじる生き物です。よって、乳児幼児期にそれを正しく導いてやらないと、間違った「それら」が習慣、常同になってしまうことがあり、それは猫にとっても大変不幸なことなのです。

その為の「指導」は、ある意味「躾《しつけ》」であり、それはとても大切であり、その期限は「生後三ヶ月である」という意味で「猫の躾（教育的指導）は三ヶ月」の定説は正解であり、激しく賛同出来るものと言えます。

その、乳児幼児期に導いてあげるべき「習慣」は、「トイレの場所」「ご飯の場所」「お水の場所」です。当たり前のことのようですが、この基軸《きじく》がおかしくなった子は、「何処でも排泄《はいせつ》してしまう」「ご飯皿にも排泄してしまう」「お水に排尿してしまう」という、言わばある種の異常行動を取ってしまい、それはその子の他の面、心と体の様々なことに悪影響を及ぼしかねません。そうなってしまう原因の多くが、乳児幼児期の母猫や兄弟との不仲です。勿論《もちろん》、猫にも先天的な知能障害や欠陥はあるに違いありませんが、仮に「正常」な状態を、「部品と条件が全て揃っている」とした場合、人間の子供であるならば、それは自発的に「正常」に機能しますが、猫の場合「使わない機能は働かない」傾向にあると考えられるのです。具体的には、生まれてこのかた母猫にも兄弟にも叱られたり怒られたりしたことがない子は、常に身勝手でやりたい放題なのですが、人間が上手に正しく、しかし厳しく叱ると、「叱られた」ということを素晴らしく純粋に受け止めることが出来、心底《しんそこ》納得して改めることで、眠っていた「客観性、協調性、思いやり、我慢、辛抱」などの知能が働き出すのです。

TRUTH 008

猫は言葉がわからない?

「猫は人間の言葉がわかるか否か?」というテーマですが、何人かの異なる国、異なる時代の研究者が、十数種前後は理解するという研究発表をしているようです。ただ、「言葉」というものは「論理的、概念としての言語」と、「信号、合図としての言葉」「観念表現の為の言葉」「感情表現の為のうめき、鳴き声」など、全く異なる次元が、多分にグラデーションで区別出来ずに存在していると考えられます。なので、人間だって本当の意味では「言葉」をわかっているか？　というと疑問ではあります。特にこの十年ほどは、老若男女を問わずおかしくなって来ている気がします。

もしかしたら猫にはその子その子の言語があって、他の子とは共通の発音や構造、文法、語《ご》彙《い》が殆《ほとん》ど存在しないのかも知れません。これは私たち人間にとっての「論理性」の最重要要素である「普遍性」を欠くものです。おそらく猫は、猫同士では、テレパシーか以心伝心的に既に通じ理解し合っている要素が多く、その上で「言葉」を発しても何ら問題なく通じ合うのでしょう。尤《もっと》も猫が言葉を発するのは、相手が人間である時が殆どなのですが。

サカリの時の鳴き声は人間向けではありませんが、猫にしてもあれは「言葉」ではなく「雄叫び」、犬の「遠吠え」と同等のものです。もしかしたら「歌（Love Song）」なのかも知れません。また、猫は「独り言」もしばしば言います。この場合の「言葉」は、どうも人間に向けて話した言葉が思わず出てしまった感じです。バイリンガルではないけれど英語がそこそこ話せる日本人が、思わず英語で独り言を言ってしまったような感じでしょうか。また、猫の寝言を聞いたことがある人は少なくない筈《はず》です。その多くは比較的、猫同士の感情表現である「退《ど》いてよ！」「止めてよ！」的なものであったりします。これは、突発的であるので言語の必要はなく、「退く」や「止める」という概念用語を共有する必要もなく「おい！」「こらっ！」のレベルです。極希《ごくまれ》にセンテンスが長い寝言を言うこともありますが、夢の中の相手は人間なのかも知れません。

TRUTH 009 猫は何も考えない？

「猫は何も思考せず、ただただ感情の赴《おもむ》くまま行動しているに過ぎない」とおっしゃる人が居ます。勿論《もちろん》、愛猫家さんの中には絶対居ないでしょう。そして、ここまで述べて来たことを多少なりとも理解または同意して下さる方も、「そりゃあ、かなりの誤解で決めつけだ」と思って下さることでしょう。しかし、実際、何も考えない猫、何も考えなくなってしまった猫も確かに存在します。哀しいことに、それは自称愛猫家とおっしゃる方の家猫に少なくないのです。

まず、野良猫は、家猫の数倍~十倍は「思考」しています。家猫、特に人間の家で生まれた子は、早い話が「苦労知らず」「我が儘《わがまま》」「利己的」です。そして、前項で述べたように、猫の知能は「使わないと使えない状態で機能しない」「使うとどんどん活性化する」可能性がありますから、野良と家で生まれた子の「思考力の差」は、限りなく広がるに違いありません。

と、猫の思慮深さをお話ししておきながら、その一方で、確かに猫は「何も考えない」という状態もあり、むしろそれを「至福の時」としているところがあるとも思います。前章で述べましたように「安心、安泰、平和、ニュートラルな状態」こそが猫が最も愛する状態であり、それは熟睡している時とはまた少し異なる「まどろみ」のような状態です。

一方、家族（飼い主／オーナー）が猫の言葉を理解しなかったり、猫の性質と真逆の「気分感情をひきずるタイプ」だったりで心が通わないと、猫の思考力はどんどん低下し、その表情は野獣化します。つまり、猫が精神的・性格的に歪《ゆが》んだ為に「思考力が極端に低下した結果」の「考えない（られない）」と、思慮深い猫が「まどろんでいる時」の「何も考えていない」は、全く次元も種類も異なるのです。

TRUTH 010

猫は未来を考えない？

猫は、意外にも記憶力が優秀であると述べました。では、「未来」は、どのように思い浮かべているのでしょうか？　勿論《もちろん》、「近未来」に対しての推測、想像、妄想が確かにあることは、様々な方法で確かめることが出来ます。「ご飯！」と言えば、おもむろに真剣になり「そわそわ」してくるのさえも、「反応に過ぎない」とおっしゃる人は少なくないかも知れませんが、あるグループの一頭が食欲不振で、特別にごちそうをあげようと部屋から連れ出し、廊下で食べさせた時期がありました。それから二～三年経った後も、まだご飯の時間ではないのに（お腹もさほど空いてはいない筈《はず》なのに）、私が部屋に入るや否や、「たーっ」と部屋を飛び出し廊下で待っているのです。明らかに何かを期待しての行動であり、たとえ近未来であっても、未来を予見（夢想）していることに違いないのです。

しかし、そのような近未来よりも先の未来。半年後とか一年後という感覚の「未来観」があるかどうかは、流石《さすが》に計り知る術がありません。日本のような四季がはっきりしている風土では、冬眠をする生き物が「今のうちに食べなくては」と考えたり、渡り鳥が「さあ旅立とう」という「計画的未来観」を多く抱いていると思われます。従って、やむなく蜥蜴《とかげ》や蛙《かえる》も食せねばならない野良猫は、ある程度の「季節感と計画的未来観」を持っていると思われます。が、家猫の場合、「気づけば大分《だいぶ》寒くなって来たなぁ」くらい無頓着なのではないでしょうか？　野良猫の場合も、完全な野生と比べれば、「生ゴミ漁《あさ》り」はオールシーズンですから大分話が異なると思われます。

このように人間と寄り添って生きるようになった段階で、「未来観」は乏しくなったと考えることが可能であろうと思います。しかし、前述しましたように、猫の知能は、使わなくても退化してしまうことがないようですから、何らかの方法で刺激活性化すれば、「未来観」を抱くようになり、何らかの違いが現れて来るかも知れません。

CHAPTER 03

猫の成長に関する10の疑問

TRUTH 001 猫の成長は一歳までについての疑問

「猫の成長は、生後一歳過ぎでほぼ確定する」というのが定説になっていますが、これに関しては「母猫の初乳《しょにゅう》と授乳期の環境」「離乳期〜幼児期の栄養と環境」「幼少期の栄養と環境」及び、「遺伝的要素と感染症」が大きく関わってくることもよく語られていることです。これらは、しばしば個体差を越えるほど大きな要因です。私も大分《だいぶ》長いこと、生まれながらに小さい子は、その後もあまり大きく育たないのではないか、と思っていました。また、授乳期に受乳が弱い子は、やはり大きく育たないのだろうと思っていました。これもある程度正解であるのですが、逆に少数例であっても、その意外さに驚いた実体験も多くあります。

ご存知のように猫のお乳は八つあり、故に往年の芸人さんの芸名「江戸屋猫八さん」があり得る訳ですが。単純に考えますと八頭までは授乳可能と思われても、実際のところ五頭以上生まれますとかなり厳しい状況になります。加えて、そもそも母胎内で多頭で栄養を分け合っていれば、当然発育は厳しくなりますし、母猫自身が幼少期の栄養不足で小柄であったり、妊娠前の栄養が不十分であれば尚更です。これらは、しばしば生まれる子の遺伝的性質を越えて大きな問題として現れることを何度も実感致しました。

その後、定説が言う一歳になるまでには、離乳期（生後一ヶ月〜二ヶ月前後）から幼児期（生後三ヶ月前後〜半年)、幼少期(生後半年〜八ヶ月)、青年期(生後八ヶ月から一歳)の各段階ごとに、それぞれ重要な局面を迎えます。そして、「生後一歳で、ほぼ成長が止まる(完結する)」訳ですが、もし授乳・離乳期に鼻気管炎などに侵されたり、、腸内寄生虫に侵されている場合、大分話が変わります。特に寄生虫感染の場合不思議な現象が起きることがあります。

本来成長が止まるとされる一歳を過ぎ、一歳半、二歳、珍しい例では二歳を過ぎてから駆虫《くちゅう》が成功(もしくはほぼ完遂)した場合、「遅れを取り戻す」かのように、成長することがあるのです。しかし、哀しいかな、本来の成長の到達点を百とするならば、六十辺りで止まっていたのが、取り戻しても八十が精一杯ということです。それでもより健康的になるならば有難いことです。

しかし、駆虫薬は妊娠中は絶対に禁忌《きんき》ですし、生まれてからも半年は投与出来ないとされていますので、それ以降になるとかなりの虫数に侵されており、致命的な状況に追い込まれていることが多くあります。

この「取り戻すかのように」に関しては、我が家の掛かり付けの獣医さんは否定的な見解のようです。が、何年かしたら、「猫独特の現象、生態」として定説になるかも知れません。そもそも猫の体については、まだまだ数割も解明されていないとも言われます。

TRUTH 002

猫の成長は栄養か？

「猫の成長に欠かせないものは栄養素である」という常識的な見解に対して、否定する意見はございませんし、どなたもお持ちではない筈《はず》です。しかし、そもそも「成長とは何か？」という基本的なことが、実は人間も含め普遍的に定義されていないのです。また、体とその機能に限定したとしても、「栄養素の他に何が必要であるか？」ということも同様で、「成長」の概念があやふやでは、それ以外のものについても語りようがないと言えます。現実的直接的に猫の成長を考えた場合、「栄養」だけを与えても、「運動」が無ければどうにもなりません。マンションの一室でも、ふかふかの寝床があって、一日中のんびり居眠りをしていれば平和で癒される光景と思いがちかも知れませんが。棚の上に飛び乗ったり、本棚の中に隠れたり、垂直方向の運動は充分でしょうか？　子猫の頃に兄弟とたっぷりプロレスごっこをしたのでしょうか？「私の生活では一頭が精一杯」と一人っ子を溺愛してしまってはいませんか？　直射日光は得られているでしょうか？　猫のストレス解消の特効薬、自然の風に触れているでしょうか？　また、ごく最近のことですが、人間の医学でも「筋肉の知らざれる驚きの役割」が説かれ始めました。おそらく猫の場合人間以上なのだろうと思います。つまり、猫の筋肉は、「臓器のひとつ」とさえ言えるほど体の恒常（健康）に大きく貢献しているということです。この場合、体重は充分でも筋肉がしっかりしていなければ「健康ではない」ということです。

あらゆる生き物にとって「成長」は、「骨格、筋肉、臓器、神経、精神、心、知性、共存性、生命力、生活力、表現力、思考力」など全てがバランス良く向上することを言っている筈です。また、「常により健康的である」ということが「成長」の必須条件から除外される筈もありません。つまり、全ての生き物の「健康とその維持」及び「成長」は、それぞれがバランス良く活性した上で影響し合うものであり、それらは全て、生きとし生けるものに与えられた「生きる使命と責任」を担うことであり、それでこそ意味を持ち、成り立つものである筈です。

高度成長期の頃の価値観も随分見直され、思い切って我が子の健康の為に田舎に引っ越し農業を始めるなどという、かつてでは考えられない人生の再選択をなさる方も現れて来ました。きっと近い将来、猫の健康の為に里山の風が吹く田舎に引っ越し、自家菜園で土に触れるより健康的な生活に切り替える愛猫家さんも増えることでしょう。

TRUTH 003

親猫が願う我が子の成長とは？

猫の子育てを人間感覚で見ると、呆れるほどあっけないと思わされます。授乳期が終われば、早ければ二ヶ月、遅くとも半年でさっぱりと「子離れ」してしまいます。その後は、「群棲《ぐんせい》」ではありませんから、教育は愚《おろ》か、躾《しつけ》さえもせずほったらかしです。言わば、我が子とでさえ「無関係」な感じですから「放任主義」でもないのです。母猫でさえそうですから、父猫の多くは、全くと言って良いほど子育てに関与しません。しかし、ネコ科の動物の生態を鑑《かんが》みますと、「子煩悩《こぼんのう》」や「過保護」は、現実的に難しかったり、不要だったりする訳です。故に、父猫が「何もしない」からと言って、「猫はやはり薄情だ」と思うことは正しいことではありません。

猫は何故群れないのか？　それは、猫は個々で、孤独から逃げず、独りずつで生き死にと向かい合い、自然と向かい合い、神と向かい合っていることに他なりません。逆に、群棲の生き物は、生きることの難しさ、死の恐怖、自然の驚異、神への畏怖《いふ》の念から、楽になる為や、心細さから群れを作ったとも考えられます。挙げ句にはその集落・社会の中から「俺様が神だ」という者まで現れる始末。このことを考えると、猫は、昔の人間が抱いていた「集落の子は共有の宝」以上の感覚、価値観を持っている可能性が見えて来ます。

つまり、猫の親が早々に子育てを止めてしまうのは、「独立・単独性であるから」「ナワバリで孤高に生きて行く力と精神力を身につけさせる為」という動物学的見解の他に、「お前も一頭の森（自然界）の端くれだ」「仲間（群れ）に守られず、独りで堂々と自然と命と時間と向かい合え！」という強い願いがあるのではないでしょうか？　だとすれば、猫の親が望んでいる「我が子の成長」で最も重要に思っているものは、体つきや知覚や知恵、成熟以上に、「精神力」なのではないでしょうか。だとしたら、人間は猫に相当学ばねばなりません。

TRUTH 004

猫の成熟は一歳頃?

猫の生殖機能に関して述べるならば、一般に平均では八ヶ月くらいで成熟し始めると言われます。勿論《もちろん》、個体差はこの件に関しては他のことよりも大きく存在します。また、猫に限らず、雄の成熟の方が雌の成熟より若干早く訪れるという傾向もあるようです。前項で、「成長・成熟」というものは、単に「生殖機能の完成」だけを考えるのは間違いだろうと述べましたが、ここでまず「生殖機能」のことに絞ってお話するならば、雌猫の成熟は、雄猫よりも複雑な構造と事情があると思います。単純に主な生殖器が体外にある雄と比べて、雌の場合、体内で隣接する臓器と深く関わりながら存在するからなのでしょうが、雌猫の場合明らかに心・精神も含めた全体的な成長の度合いによって生殖機能の成熟度も大きく変わるようです。その根拠のひとつが、既に成熟した筈《はず》の成猫でも体調によって、その生殖機能は大きく揺れ動くことです。つまり、ある段階を越えて体調不良になると、サカリも起きない。それが雌猫の場合、雄よりも軽度の不調でも現れるようなのです。

このことを考えても、やはり雌猫の生殖機能の方が複雑でデリケートであると考える訳です。

勿論、生殖機能に関しては特に個体差が大きいと思います。個体によっては、サカリ中もしっかり食べる子も居ますし、私たちオーナー／飼い主の様々な工夫が効奏《こうそう》する場合もあります。また、酷いサカリのピークなのに、「わめき声」の最中でも、声を掛けると、我に返る子も居れば、私の声など全く届かない子も居ます。ところが、一歳を過ぎて充分に成長し、立派な体格になり、サカリも何度か訪れた子でも、出産時に本能が働かず、何も出来ず、むしろパニックになった子も居ます。また個体によって、「育児放棄」の見切りが早い子も、粘る子も居るのかも知れません。つまり、生殖機能の「成熟」にも、心の成長や成長方向が関与するものは大きいということです。

この十年で、人間の母親も、トイレで産み落としそのまま逃げてしまうという、一昔前までは考えられなかったような事件が起きていますが、やはり人間も猫も、単に「生殖機能」だけが「性的成熟」と考えてはならないとも思わされるのです。

TRUTH 005 猫の腎臓の成長

猫に限らず、生き物の体は、必然的に直ぐに必要なものから優先的に作られて行くに違いありません。生まれたばかりの子猫にとってのそれは、まず母親にしがみついてお乳を吸うことが最優先です。その為お乳を探す嗅覚や、母猫の声を聞く聴覚。お乳を吸う力や飲み込む力、お乳を吸い続けながら呼吸出来る鼻や呼吸器の発達は、歩くことが出来なくても優秀に働いてくれているのです。勿論《もちろん》、その時点で消化器も充分に発達していなくてはなりません。ところが、不思議なことに消化・代謝・免疫に大きな貢献をする「腸内有用細菌」は、生後しばらくしてから増え始めるようなのです。もうひとつ不思議なことが、「吸う」という動作が離乳後しばらくすると出来なくなることです。そして、消化器と同様に先んじてほぼ完成しているのだろうと思われるのが腎臓です。もしかしたら肝臓は少し後からかも知れません。何故ならば、母胎内に居る頃は、肝臓の解毒の仕事も、腎臓の血液濾過《ろか》の仕事もお母さんが一手に引き受けてくれた訳ですが、体外に生まれ出た後は、乳児の腎臓で濾過し排尿せねばならないからです。ですが、摂取するものは、お母さんの体内に居た時の血液と同様の母乳ですから、肝臓が解毒機能を整えるのは離乳期に間に合えば良いという理屈です。

この腎臓が真っ先に形成されるという皮肉な摂理《せつり》も、猫の腎臓が弱いという哀しい事情の理由のひとつなのでしょう。そもそも腎臓の細胞は再生不可能と言われ、出産前後に形成された「濾過装置」が、そのまま生涯に渡って使われながら、初めは数万の細胞があっても年々減って行く一方なのです。一説にはこの「濾過装置」は、出産前に出来上がってしまうとも言われます。従って、猫の生命、一生、健康で長生きを望み考えるのであるならば、腎臓の成長、つまり母胎に居る間の成長を考えなければならない、ということなのです。だとしたら、最も大切なこのテーマであるにも拘《かかわ》らず、そのことは殆《ほとん》ど皆無と言って良いほど語られていません。尤《もっと》も、保護猫の場合、生まれてしまった後の保護だったり、保護したら妊婦さんだったりで、如《い》何《かん》とも仕様がないことばかりなのですが。

TRUTH 006 猫の老化

この二十〜三十年で、日本人の寿命も大きく変わり、また、その死因のトップ3も幾分《いくぶん》変化していると思われます。また、昔はあまり言われなかった「生活習慣病」などという言葉も登場しました。ところが、この問題の基本には、細胞や臓器の品質がある筈《はず》なのですが、それはあまり語られません。全てが、外から摂り込む有害物質のせいのような考え方で、その改善や予防や治療もまた、外からサプリメントや健康食品を摂り込むことで解決しようとしているように思えるのですがどうでしょうか？　しかし、あらゆる生き物が持っている筈の「自然治癒力」を最大限かつ健全に保ち発揮させる為には、細胞や臓器が健康であることが最優先されるべきではないでしょうか？　それは勿論《もちろん》、日々の食事の質に他なりません。ところが猫の場合、何度も申し上げていますが、腎臓が最初から弱いのです。しかもその腎臓は前項で述べたように、生まれる前後のまだまだ未熟な頃に最も先んじて完成させねばならず、後は再生や修復することなく加齢とともに損傷して行くのみなのです。従って、他の臓器や細胞が健康でも、如何に良質なフードによって良質な細胞、臓器を維持しても、外からの有害物質がゼロに近かろうと、腎臓の濾過《ろか》装置の疲弊《ひへい》、消耗によって確実に老化が進行してしまうのです。

基本的にこれは人間も同じ筈なのですが、人間の場合、腎臓が比較的丈夫であることと、それ以前にそれ以外のことで老化が進んだり、病気になる為、腎不全が死因のトップには出て来ないのでしょう。故に、有害物質の問題や、細胞のミスコピーの問題、良質の食事などが飛躍的に改善向上した場合、腎臓の機能の終焉《しゅうえん》が天寿《てんじゅ》となったら、普遍的に百歳、百二十歳が人間の寿命となるかも知れない訳です。逆に、猫の場合は、遺伝的体質で、循環器系の問題、リンパ系の問題、消化器系の問題、ホルモンの問題、糖尿病などで天寿を全《まっと》う出来ない場合もありますが、普遍的に腎不全の問題が圧倒的で、さらに猫の野生の本能（水をあまり飲まない、排尿を我慢する）のせいで不必要に腎臓の寿命を縮めてしまうことで未だに死因のトップに腎臓の問題が現れていると考えられます。ただ、良質のフードを摂取すること、水分を充分摂ること、排尿を定期的に充分することは、全ての細胞、臓器の為になることであるとともに、腎臓に最も良いことですから、ここに矛盾が無いことには少し安心させられます。

TRUTH 007

猫の寿命

猫の寿命は、年々延びています。ペットフード協会の平成二十五（二〇一三）年度の調査では、遂に十五・九九歳に達したと言い、平成二十二（二〇一〇）年の十四・四歳からも確実に伸びていることがわかります。また、雄雌の違いでは、ペット保険会社のデータによれば、雄が十四・三歳で雌が十五・二歳とのことです。一方いわゆる半外飼いは、協会の調査によれば、やはり完全室内飼いより下回り十三・二歳。これらを国際猫医学会の基準によって人間の年齢に換算すると、完全室内飼いの猫が人間であったならば、平均寿命七十六歳。半外飼いの平均寿命は六十九歳と、人間よりもまだまだ短いことがわかります。それでも確かに延びてはいるのですが、野良の平均寿命は、同協会の調査にはありませんが、複数の地域の餌やりさんたちが異口同音でおっしゃるには「三年で姿が見えなくなる」とのことです。そして、これは年々長寿になっているという話は聞きません。野良の寿命を人間に喩《たと》えれば、何と二十八歳が平均ということになり、野良の生活の過酷さを如実に教えてくれます。

猫の死因を、「完全室内飼い」と「半外飼い」を明確に分けた統計は無いようですし、ましてや「野良の死因」を調査した例も無いようなので、様々な立場の人々の印象でしかないのですが。「完全室内飼い」の場合、臓器の疾患／全身的な疾患が上位であるのに対し、「半外飼い」

が、それに感染症が加わり、野良は、感染症／交通事故が圧倒的に上位になります。

実際、複数の場所でのある程度の年月の観測の印象や、同様の様々な方々の印象でも、「半外飼い」の場合よほど条件が悪い地域でない限り、バス通りなど交通量の多い通りを横断してまで「食べ物を求める行動」は取らないようです。勿論《もちろん》、それでも轢《ひ》かれて死ぬ子は居ますが、首輪の在る子の轢死《れきし》は、同じポイントの轢死の五頭に一頭以下と思われます。

また、数字の結果から推測するに、「半外飼い」の猫は、他の「半外飼い」の猫や野良との間で「一触即発」の喧嘩手前のことはしばしばあっても、実際噛み付かれて怪我をし、感染症を貰うに至る手前で家に逃げ帰ってくるのでしょう。それに対して野良の場合、勝負が付かなければテリトリーを奪われてしまいますから、決定的な違いがあり、それが八割も低い寿命に現れてくるのでしょう。

TRUTH 008

猫の成長の特異性

本章の前の項で、「猫の成長」に関しては何度か述べさせて頂きましたが、ここでは、その全体的な視野で見た時の「猫独特のふたつの特性」についてご一緒にお考え頂ければ幸いです。

ひとつは、既に述べましたように、どうも猫には他の動物とはいささか異なる独特な体の仕組みがあるようなのです。そして、もうひとつも、猫独特の生態、すなわち野生の記憶と、非群棲の性質を持ちながらも人間と暮らすという特殊な条件に於《お》ける成長の問題点です。

既にある程度述べました「猫の体の独特な仕組み」らしきものこそは、正にこの「成長」に関するものです。他の哺乳類の多くは、おおよその一定の成長期間を過ぎてしまうと、成長システムは完了、終了してしまうのに対して、猫の場合、その平均的な期間を過ぎても成長を妨げていた要因が排除されると、完全に本来のレベルではありませんが、かなりの量を取り戻さんとばかりに追加で成長することです。この不思議なシステムは、骨格・体躯《たいく》面ばかりでなく、知能の成長、心の成長にも見られます。

もう一方は、その「心と知能の成長」についてです。これは、「障害を取り除く」ことで体が元気になったことによっても追加で成長します。しかし、それ以上に、人間との関わり合いによって驚くほどの「心と知能・思考力」が活性、成長するかと思えば、逆に才能も個性も押し込められてしまう場合もあるということです。

人間の場合、これはむしろ当たり前かも知れません。体の成長が二十歳手前でほぼ止まったとしても、知能はまだまだ成長し得るでしょうし、心の成長は、一生あり続けるかも知れません。否、むしろ体の成長が止まった分、それでも向上しようと努力したり、その必要に駆られれば、必然的に知恵を働かせるのでしょう。

TRUTH 009

猫の知能の成長

前項で、猫の知能は、一般的に言われる「成長期」を過ぎ、体の成長が止まった後でも、人間との触れ合いによって、その質に応じて成長し続ける、と述べました。勿論《もちろん》、苦労が絶えない野良の場合、日々辛酸《しんさん》を舐《な》めながら経験を積み、思考力も高まって行くのかも知れません。しかし、人間の場合、「被害者意識」「不遇感」を強く抱く人は、むしろ思考力が低下する。さすれば当然、使わない知能はしまわれてしまう。それと同じように、野良の知能も、健全でゆとりと広がりのある豊かなものではない可能性があります。実際そのような体験は何度も致しました。普通、野良猫を成猫で保護する方は少なく、野良の成猫が懐《なつ》くのも難しい。それ以上に心を通わせたり、信頼し合ったりして、思考力が増すということは、そんなに簡単でもなければ、多いとも思えません。なので、あまり一般では語られていなくても当然なのです。

また、猫は、何歳になっても他の猫がしていることを「おっ！　賢いじゃん！」と思うと学んで真似をします。例えば、暑い日に仰向けにお腹を出して涼んでいる子を見て、一～二ヶ月後に学んだ子が居ます。私の毛布の中に入り込むことを真似た子も居ます。それでもどうしても毛布をたぐって入り口を作ることがわからない子も居ます。

家の中の扉という扉、引き出しという引き出しの全てを開けてしまう子も居ました。押して開ける、引いて開ける、取手をまわす（円形ノブは無理ですが）、遂に冷蔵庫も開けるようになりこっぴどく叱られました。

　胃腸が弱い上に、しばしば胃酸過多になる子は、空腹時に胃液を激しく嘔吐します。何故かケージの外に向かってまき散らすので、可愛そうとは思いつつ、横隔膜《おうかくまく》の痙攣《けいれん》が始まるや「駄目！　そっち」とケージ内のトイレを指差すと、苦しい最中に思い出してトイレに向かって嘔吐するようになった子も居ます。何も教えないのに、気づいた時にはトイレに駆け込んで嘔吐していた子もいました。猫エイズで、脾《ひ》臓が肥大し、亡くなる二日前まで衰弱し切った体を引きずってトイレでしていました。逆に、何度言っても、ご飯皿にしてしまう子も居ます。尤も掃除はその方が楽なのですが。

　このように、猫の知能は、良い方向にさえ向けば、限りが無いのでは？　と思うほど、何歳になっても向上、発達し続けるという印象を強く抱かされます。

TRUTH 010 猫の心の成長

　ここで肝腎なことを確認して頂きたいのですが。現代人の多くの人が「思考＝考えた、思った」と「心」、そして「感じた」を混同してはいないか？　ということです。つまり、よろずに於《お》いて「気分・感情」を優先したり、支配されていることに気づかなかったり、論理的思考の訓練をしていなかったりで、「思考と感情」の区別がわからなくなっているのです。この「分別・区別」の「曖昧《あいまい》さ」は、「思考力の低下」と表裏一体、相乗効果で共に衰《おとろ》えて行くのです。逆も真で、共に改善し、さらには高めて行くことも可能です。そして、「心の健康、安泰」そして「心の成長」には、むしろ逆のようですが「思考力の強化、向上」が不可欠なのです。

「心が成長する」ということはどういうことか？　それは、「思考」という頼もしい護衛兵《ごえいへい》を信頼し、頼りつつ、方向性としては、「思考」に過度に依存しないで、ある程度の「心」そのものの強靭《きょうじん》さを保ちながら、外からの刺激を柔らかく優しく受け止める力を身につけることです。そして、それが出来て初めて、「心の想い」を発信することが可能になります。その一方で、猫たちの「思考力の成長」は「豊かな心」の存在があればこそでもあります。

「お医者さんのすることやお薬は、私の為、私のことを大事に思ってのこと」と思考する為には、その奥の「心」に、家族（飼い主／オーナー）のことが「大好き、一緒に居たい、末永く」という「想い」があるからに他なりません。そして、そのような「心の想い」は、「生きることと向かい合う」「生きる戦いから逃げない」という「魂の指令、命題」と矛盾していないのです。言い換えれば、その普遍的で不変な「命題」と、「心」が一致しているからこそ、「正しい思考」が導かれる訳です。

その昔、と言ってももう四～五十年も前のことになりますが、親や親戚、目上の先輩に厳しい言葉を頂いたものです。でも、それらは皆「私の為を思って言ってくれているのだ」と考えられるからこそ受け止められたのです。

猫も同様です。その薬が無ければ助からないという薬を飲まされる時、頑張れる子と頑張れない子が居ます。頑張れない子も「心」では私のことを好いてくれています。だからこそ「被害者意識」が高まってしまうのです。「大好きだったのに！　なんで私が嫌なこと、怖いことを無理矢理するの？」と。頑張れる子は、そこに確固たる自分の意志と思考があるのです。「これは私と病気の闘いであり、おじちゃんは、それを助けてくれる味方なんだ」と。

ところが、賢い子なのに、その思考が「感情」の支配から完全に自由になっていない子もいました。「おじちゃんが私の病気を治そうと思ってくれていることはわかっている」「けど、その薬は効かないと思う」のように、「嫌」という「感情」に都合良い思考を巡らせてしまうのです。

私はこれらを「生き物の生命力」と言っています。人参が嫌いな幼児に対して、あれこれ調理法を工夫して食べられるようになった時に一杯褒める。確かに細やかで温かい手法ですが、親が一生子供の前に立ちはだかる障害をそうやって除去し続けられるでしょうか？　私は「都合の良い理屈」を捏《こ》ねる猫にも容赦なく「君の闘いだろ！　敵はおじちゃんでも苦い薬でもないんだ！」と時には厳しく声を上げます。

CHAPTER 04

猫の体に関する 10の疑問

TRUTH 001

猫の視力に関するウソとホント

「猫は、自己矛盾の多い生き物である」と、既に何度か述べました。それは実に切ないものです。特に「視力」に関してより強くそれを痛感させられます。まず、結論から言うと、定説通り「猫の視力はあまり優秀ではない」のだろうと思います。この「定説」と「だろうと思う」が実は大切なKey-Wordなのです。と言いますのは、定説とか、学説、実験結果、統計資料の類いは、科学的合理性に基づくことで価値が認められる訳ですが、本書で述べていることは、異なる次元、異なるジャンルとの関わりや、総合的な視野に於《お》ける再検証、再考なのです。「猫の視力は、猫独特の自己矛盾の典型例」であると述べましたのは、猫は、その視力が今イチ頼りないにも拘《かかわ》らず、何故かその視力に頼る、委《ゆだ》ねることが多いからです。つまり解剖学と機能科学の上では足りていないにも拘らず、心理学、精神医学の上では執着しているということです。

猫の視力は、「視界は広い」「奥行き高さ測定力は豊か」なのですが、「解像力（細かなものにピントを合わせせられるか？）」が弱く、言わば「ぼーっとぼやけて見える」ことが殆《ほとん》どのようです。つまり「奥行き・深度」を見事に感知しても、「ピント合わせの視力」が弱いのです（矛盾しているようにも思えますが）。また、「色の識別」も弱いと言われています。人間の場合、輪郭が曖昧《あいまい》でも、色の異なりがあれば、判別に大きな助けとなりますが、猫は、それさえも弱いのです。その代わり「動体視力」はもの凄く優秀。よって、おそらく猫は、その「動体視力の優秀さへの過信」と、外敵から身を守る上でも、獲物を仕留める上でも、「動体視力の優秀さに常々救われている」ことからの依存性が高いことが、「脆弱《ぜいじゃく》な視力に委ねる」という自己矛盾に至るのだ、と考えることが出来ます。

TRUTH 002 猫の聴力に関するウソとホント

「猫の聴覚《ちょうかく》」は、猫の五感（六感）の中で「嗅覚《きゅうかく》」に次いで秀でていて、一般に人間の四〜十倍と言われます。「四〜十倍」というのも大雑把ですが、確定的な実験方法、測定方法が確立されていないのでしょう。しかし「嗅覚」の「一万〜十万倍」は、十倍も異なり、全くピンと来なくなってしまいますから、それよりはマシな話です。そもそも「人間の十倍」という感覚は一体どういうことなのでしょうか？　まず、「人間が聞こえる最も小さな音の十分の一まで聞こえる」ということはあり得そうです。しかし、人間が普段聞こえている音が「常に十倍大きく聞こえている」ということではないのです。これは、猫にも人間にもある「脳のフィルタリング機能」があるからでしょう。例えば、友達とファミレスで会話が盛り上がっている時、となりの席の見知らぬ人たちの会話は聞こえなくなります。また、一人で部屋に居て、何かに集中している時、視覚や味覚に集中している時でも、エアコンの音が気にならないことはよくあることでしょう。

また聴覚には、上下の周波数の聞き取り、いわゆる「可《か》聴《ちょう》域《いき》」の要素があります。人間でも加齢に従って、高い音域（周波数が大きい）が聞こえづらくなりますが、それが「可聴域／周波数域の聴力」です。猫は、低音域は人間と大して変わらないようですが、高音域は、人間の三倍以上も高音を聞き分けることが出来ると言われており、これは犬よりもひと回り優れていると言われます。具体的には、獲物の小動物の動きや、お嫌いな人も多い、〇〇ブ〇などの昆虫の「かさこそ」という音から、バッタなどの羽音、蚊の羽音などに敏感ということです。どちらが先？　と言われると、「卵と鶏」的な話ですが、猫が夜行性である（暗闇で狩りをする）ことと関わって身につけた力と言われます。

　また、聴力には、「音源定位」に対する力も含まれます。つまり、音源の方向を認知する能力ですが、これは意外にも人間と大して変わらないか、説によっては人間より少し劣るようです。そもそも猫は耳をよく動かします。これは優れた聴力がより発揮されるように思えますが「座標が動く」分、「位置の測定」には不利なのかも知れません。確かに、昆虫の音が聞こえて、私たちが「ああ、あの辺りだ」と思っていても、意外に猫はまだ「えっ？　何処だ？」という素振りがしばしばあります。

　また聴力には、「音質識別力」も大切な要素です。これに関しては意外にも関心を持つ研究者が少ないのか？「飼い主の声がわかる」程度の研究報告しかなされていないようです。尤《もっと》も、今日の猫にとって、「飼い主（もしくは餌をくれる人間）か？　知らない人間か？」を識別する程度のことで充分なのかも知れませんが。

TRUTH 003 猫の嗅覚に関するウソとホント

「猫の嗅覚《きゅうかく》」は、人間の一万～十万倍と言われますが、正直私もピンと来ません。何故ならば、猫は、けっこう鼻を近づけて臭いを嗅ぎますよね。町で野良の毛繕い風景を見かけ、ちょうどお尻清拭の時だと、期待に胸を膨らませて立ち止まってしまいます。何故かと言うと、お尻を舐《な》めた後、必ず顔を上げて「臭っさー」の顔をするからです。尤《もっと》も「臭っさーの表情」は、専門家諸氏は、「ヤコブソン器官でフェロモンの分析最中のフレーメン反応である」とあっけなくおっしゃいます。獣医学的にはそうなのでしょうけれど、いまひとつ納得が行きません。

　そもそも「嗅覚」が十万倍も鋭いならば、数メートル離れていてもわかりそうなものを、何故鼻をあんなに近づけなくてはならないのか？　喧嘩相手の認識の時もそうです。相手の猫パンチのリーチが届く範囲どころか、相手のお尻に鼻を近づけて「あっ、こいつ！　やっぱりあいつじゃないか！」「しゃー！」は、あまりに間抜けな気がします。そもそも、同性の喧嘩相手のフェロモンを嗅がないと、敵を認識出来ないというのも間抜けと言うより、お馬鹿な話です。下手すると命取りです。また、その「フレーメン反応表情」を、通常の姿勢で見たことがありません。「サカリ」の頃ならば、通常の姿勢で風に乗る異性のフェロモンを嗅ぎ取っているのではないのでしょうか？　私が気づいていないだけかも知れませんが。

猫の嗅覚は感知機能の鼻腔粘膜《びくうねんまく》の面積や、嗅覚細胞の数を解剖学的に検証した結果「人間の一万〜百万倍」はあるようですが、それだけではその「優秀であろう嗅覚器官」が何に活用されているのかは、わかりません。また、少なくとも猫の場合、「使えなかった機能が使えるようになると活性する」は大いにあると思います。つまり、猫の嗅覚に関して、その「嗅覚細胞」の数がわかっても、「機能の割合、使用度」や、その奥にある「識別、分析、整理、記憶、引き出し」の能力がわからなければ、総合的な「嗅覚能力」は、見えて来ないのではないでしょうか。

TRUTH 004

猫の肝臓に関するウソとホント

人間に限らず、猫にとっても、全ての生き物にとっても、全ての臓器が大切な役割をしていることは間違いありません。なかでも「肝腎要《かんじんかなめ》」という言葉があるように、肝臓と腎臓の働きは、心臓、脳に劣らぬ重要性があることは言うまでもありません。しかも「肝腎」の言葉通りに両者は深い関わりを持っています。これらは、何十年以上も前から解明されて来ていることですが、ここ数年になって急速に解明され話題になっているのが、腸内環境と肝臓・腎臓の関係。及び腸内細菌の肝臓サポートへの貢献度が意外に高く重要であるということです。これに関してはまだ諸説が対峙《たいじ》していて定説に至っていないテーマも多くあるようです。

猫の肝臓も人間や犬同様、「解毒《げどく》機能」「蛋白質《たんぱくしつ》・アミノ酸再合成」「ヴィタミン、ミネラルの生成、合成、活用、貯蔵」「グルコース分解、合成」「毒素の分解、解毒」「血液凝固因子など血液成分の生成や合成」「(使い古された)老廃赤血球の再利用」「(脂肪分解に欠かせない)胆汁生成とその為のコレステロールの活用」などがあります。しかし、猫の肝臓の強さ・弱さに関しては、腎臓ほどではないにしても、人間は愚《おろ》か犬よりも遥かに脆弱《ぜいじゃく》であることもあまり語られてはいないようです。さらに人間や犬にある機能が無いものもあることや、肝臓の働きに欠かせない酵素にも弱いもの足りないもの、全く無いものがあることに関してもまだ完全には解明されておらず、諸説が入り乱れている印象を受けることがあります。

例えば、ヴィタミンCは、猫の肝臓で合成されるので摂取の必要は無いと長年言われて来ましたが、最近では異説(微妙に異なる解釈)も唱えられ始めています。同様に、猫はグルコースを肝臓でアミノ酸から合成するので炭水化物は不要と言われるとともに、唾液《だえき》中には炭水化物分解酵素（アミラーゼ）が無く、膵臓《すい》での生産も極めて少ないと言われています。が、一方で炭水化物は工夫すれば吸収活用出来るという説もあります。また、肝臓ではなく腸内の酵素（ジオキシゲナーゼ）によって人間や犬は、βカロチンをいわゆるヴィタミンAに変換出来ますが、猫はこの酵素が欠乏していて出来ないとも言われます（βカロチンは別な目的で与える場合もありますが）。

乳糖分解酵素（ラクターゼ）も決定的に不足している為、牛乳を与えると下痢になることが多くあります。また、チョコレートに含まれる「テオブロミン」や、コーヒー、お茶の「カフェイン」の分解酵素も欠乏しており、少量でも解毒されないまま蓄積されて、やがて致命的になると言われています。アルコール分解酵素も然《しか》りと言われています。さらに、猫は植物性油脂に多いリノール酸からアラキドン酸を合成する酵素も欠けている為、動物性油脂から直接摂取せねばならないと言われています。また、脂肪、蛋白質《たんぱくしつ》の代謝に欠かせないだけでなく、肝臓の解毒機能に貢献するナイアシンを人間や犬はトリプトファンから合成出来る（腸内細菌が担うとも）けれど、猫はその合成が出来ない（もしくは殆《ほとん》ど出来ない）とも言われます。

このように、人間や犬にあって猫にない酵素やシステムが多くあるが故に、猫は肉食に極めて特化した生き物であるというのが定説なのです。しかしながら、猫は、小型の鳥類や鼠といった草食動物、とりわけ穀物を多く摂る獲物を補食する訳です。一説には、それらの動物の内蔵も補食することで、それらの動物の半消化穀物、及び、消化酵素も同時に摂り込み、間接的に植物を摂取しているのだという異論もあります。

TRUTH 005

猫の腎臓に関するウソとホント

猫の腎臓が、人間は勿論《もちろん》、犬よりも弱いことは、哀しいですが事実のようです。特に腎臓は、他の臓器や骨格、筋肉が、受乳期間、離乳期間の時間の猶予が比較的あるのに対し、生まれ出て真っ先に働かなくてはならない上に、それがそのまま、細胞が増えることもなく、加齢によって減少し、加えて有害物質などの濾過《ろか》によっても、一説にはストレスによってさえも損傷を受けて減少し、再び再生されることがないというのも、哀しい事実のようです。

腎臓の主な仕事である血液の濾過の為の濾過装置「ネフロン（糸球体や尿細管、毛細血管などからなる）」の数は、人間が二百万、犬が八十万であるのに対し、猫は四十万しかなく、何らかの悪影響で簡単に数百は壊れてしまうともいわれます。加えて、「ざる」や「キッチンペーパー」で何かを濾《こ》そうと思った時、水分が多い方が上手く行くのと同じに、血液がサラサラで水分量が多いことや、飲水量が充分で、尿量も正常に多いことは腎臓の濾過装置（ネフロン）にとっても負担が少ない訳ですが、基本的に猫は野生の頃から、排尿を我慢し貯めて、尿の濃度を高めてしまうという哀しいクセがあります。また、前項で述べましたように、「草食小動物の摂取による、植物性食物と炭水化物分解酵素」のことを抜きにすれば、猫は肉食に特化しており、さらに蛋白質《たんぱくしつ》を多量に求める体の構造であることから、蛋白質、アミノ酸の老廃物を多く作り出し、その分腎臓に負担を掛けるというのも定説になっています。そして、哀しいかな、これらの定説はほぼ間違いないことのようです。しかし、腎臓サポート療法食、腎不全療法食やサプリメントなどによる腎不全対策（活性炭系、酸化第二鉄、ケイ素系、利尿を促す漢方方剤）には、従来の医学常識に固執する立場の人々の偏見とは別の、違った方面からの異論も出始めています。

また、殆《ほとん》どの西洋医学に基づいた獣医学の考え方に対し、「Holistic（全身医療）」の観点から見ると、腎臓の問題は、腸内環境及び肝臓、そして、血液・血流・血管、さらには自律神経系の問題とセットで考えるべきという意見もあります。

詳しくは、「第六章：猫の病気に関する10の疑問　慢性腎不全に関する疑問」及び、「第七章：猫の健康に関する10の疑問」で述べますが、腎臓という臓器が、猫の体を維持する為の様々な働きの、ほぼ最後の方で、色々なツケを払わされていることを考えるべきであろうと思います。言い換えれば、腎臓以外の部分の問題を考え善処することもまた、腎臓をサポートする有効な手段である可能性が高いということです。

TRUTH 006

猫の去勢に関するウソとホント

「猫の避妊・虚勢」は、「飼い主の都合」と「むやみに増やさない」というふたつの理由で施されるようです。「飼い主の都合」は、雌猫ならば、年に四〜六回（もしくはそれ以上）」訪れる「サカリ」による、大きなうめき声、挙動不審、食欲不振であり、「雌猫自身にとっても大きなストレスである」という説を聞けば、「心配、不安、可愛そう」も加わるでしょう。雄猫の場合は、圧倒的に「所かまわず放尿するマーキング」であり、喧嘩でしょう。うめき声を上げる雄も居ますが、一般的には、雌のサカリの声を聞いて反応すると言われています。雄の生殖器は体外にあり、乱暴に言ってしまえば、精子を作り、放出するだけの構造ですから、虚勢のリスクは、雌の比ではありません。手術はやはり全身麻酔のリスクを覚悟せねばなりませんが、比較的簡易で、費用も安価な上、術後のケアもさほど神経を使わされません。

それでもそのタイミングに関しては、熟考すべきであるという説もあります。雄猫の尿道は、「マーキング」の為に勢い良く放尿出来る構造になっており、先端付近が急に細くなっているそうです。ビニールホースの先端を指で押さえて細くし勢い良く水を出すのと同じ仕組みです。確かにそれを聞けば、早過ぎる虚勢は心配の種になります。また、「マーキングや喧嘩の問題を解決出来る」と思っても、一～二割の雄猫で、虚勢したにも関わらず、「マーキングが止まらない」「喧嘩（ボス猫対抗意識）が減らない」ということがあります。そのような子は、十二歳以上になっても続き、十四歳くらいになってようやく落ち着いて来ますが、その頃には、FLUTD（尿路疾患症候群）や腎不全の心配も襲い掛かり、手術は比較的安易で、それ自体のリスクも少ない代わりに、マーキングや喧嘩が減らなかった場合は、飼い主さんにとってのメリットはあまりない、ということもあり得ます。

TRUTH 007 猫の避妊に関するウソとホント

人間というものは、しばしば自分に都合の良い情報には飛びつきすがりつき、都合の悪い情報には懐疑的であるという、極めて非論理的な思考を巡らすものです。問題は、人間同士の場合「迷惑を掛けなきゃ良いだろ」で終わってしまいますが、猫の場合、いい迷惑であり、時にその子の生涯に陰を落としたり、寿命を縮めたりしますから、「人間の都合」に関しては、いくら自壊してもし過ぎることはないのかも知れません。雌の生殖器は、単に卵子を作り放出するだけでなく、人間の十ヶ月よりは遥かに短いとは言え、二ヶ月強体内で胎子を育て、ホルモンの働きで授乳も行う訳ですから、離乳後のホルモンバランス、恒常性機能へのリスクを考えても安易に決断は下せないと思います。

また、手術は全身麻酔のリスク以上に、開腹ですし、術後の縫合癒着にも一月は安心出来ませんし、手術時の感染以外にも術後の癒着時にも感染はあり得る訳です。当然手術も簡易ではなく、手術代も高く、そこで（より安いお医者さんを探すなどで）節約することはリスクを買うことにもなりかねません。

加えて、予防的に投与することが不可欠の「抗生剤」のリスクも考えねばなりません。そのフォローには半年以上掛かるかも知れませんし、その間に、「抗生剤の悪影響」が引き金で、新たな問題が発生するかも知れません。勿論《もちろん》「そんなことを言ったら、完全に安心出来る治療など何も無い！」と言われてしまえば、それまでなのですが。

TRUTH 008

猫の皮膚に関するウソとホント

猫の体のことは、まだまだ解明されていないことが多いと言われます。とりわけ、「猫の皮膚の生態と機能」に関しては、未解明のことが多く、諸説がぶつかっているような状況と思います。例えば、猫の全身シャンプーですが、保護猫で全身が泥やヘドロまみれの場合は別ですが、代替医療や全身医療に理解も関心もない西洋医学一辺倒の獣医さんでさえも、「猫の皮毛《ひもう》・皮膚はむやみにいじらない方が良い」つまり、水道水で洗うことも洗剤をつかうことも、芳《かんば》しくないとおっしゃいました。

猫に限らず、人間も犬も、体の思わぬところが深く関係し合っていることがあります。人間でも便秘になると「肌荒れ」とか、胃を痛めると「口角炎」などはよく体験されることではないでしょうか。同じように、猫の皮膚と皮毛は、意外にも内蔵や、代謝、神経、循環系などの全身的な問題に深く関わっているようです。それらは、内面的な問題が皮膚に現れる、ということだけでなく、皮膚によって、何らかのコントロールをしているという考え方も、まだ仮説の段階のようですが、言われ始めているようです。

また、「皮膚」は、「口腔、鼻腔、食道、気管、胃腸」と並んで外敵と最初に出くわす部分です。しかし、体の内側の粘膜《ねんまく》系と比べて、優良細菌（いわゆる善玉菌）は少ないようですが、いわゆる「日和見菌《ひよりみきん》」が、状況と場合によっては、比較的良い貢献をしているのかも知れないという話もあります。また、ヴィタミンDの合成に関しては、人間も犬も猫も、ある種の紫外線に皮膚中の特殊な物質「7-デヒドロコレステロール」が反応して合成されると言われますが、猫は、この物質が人間、犬より少ないと言われています。また、猫の場合は、皮膚中で合成が行われ、そのまま吸収されるのではなく、皮脂と共に皮膚外（体外）に分泌され、それを「毛繕い」によって、経口摂取するのである、という説もあります。勿論《もちろん》、異論もあります。

これらが、事実であった場合、全身シャンプーは如何なものか？　という話にもなる訳です。また、無香料であろうとも、様々な化学物質が残留しているリスクもありますし、そもそも犬よりも丹念に、しょっちゅう「毛繕い」をしている生き物である以上、解明されていないことが残されている以上、慎重になるに越したことはないのではないでしょうか。

TRUTH 009

猫の爪に関するウソとホント

猫は「常同性」の強い生き物なので、「決まり事」や「しきたり」のような行動にこだわります。「ご飯！　ご飯！」と大騒ぎしておきながら、ご飯皿の前に向かう時に「必ず爪研ぎ」をする子、待っていてあげないと、他の子とタイミングがずれてしまいます。遅れるとわかっていても食直前に爪を研がないと気が済まない。そんな不思議な性質があります。また、哀しい話ですが、危篤《きとく》に陥って、亡くなる数日前でさえ、なけなしの体力を気力で倍増させて「爪研ぎ」をしたりします。明らかに「気合いを入れる」為の行為です。このように「猫の爪研ぎ」は、「狩りの為のメンテナンス」「マーキング」以外にも、猫の一日の中で欠かせない行事であり、気持ちのリセット、ストレス解消である訳です。

実はご存知の方も多いと思いますが、「爪研ぎ」は、実際は、「爪研ぎ」ではなく、肉球から分泌される臭いをマーキングしているのだそうです。そう主張される方は、「その証拠に後ろ足は爪研がないだろ?」とおっしゃい、「なるほど」と思う訳です。また、猫の爪はご存知のように「鈎型全体《かぎがた》」が「ぱりっ」と剥《は》がれ、中から新鮮で鋭い爪が現れますから、研げる訳でもなく、それは、強いて言えば「爪殻（古爪）剥がし」であり、仕草としては「爪噛み」なのです。実際、ソファー、椅子や（麻系が好き）柱などを引っ掻いて、「古爪」が剥がれることもありますが、もっぱら「爪剥がし」は、あの犬歯と犬歯の間の可愛い小さな前歯で噛んで剥がしているのです。なので、後ろ足も「爪研ぎ」をせずともちゃんと剥がせる訳です。逆に歯肉炎などで前歯が無くなって出来なくなってしまうと、常時「三日月型」であるのが、「半月型」のようになってしまい、なかなか剥がれなくなります。また、古爪が剥がれても、先端は、円周方向にどんどん伸び、遂には肉球に刺さってしまうので、「爪切り」が必要とされますが、野良や野生ではどうしているのでしょうか? 疑問です。調べても訊いても答えが得られていません。

猫の爪は、自分の意思で自由にしまうことが出来ます。「しまう」と言っても、肉球の辺りの第一関節が人間とは逆の方向に曲がることで肉球だけが床（地面）に触れるようにするだけで、爪が指の中に引っ込む訳ではないのです。勿論《もちろん》これは、狩りをする時に「足音（爪音）」をさせずに獲物に近づく為の構造です。いわゆる「猫パンチ」では、この爪が驚異的な武器になりますが、猫同士でも爪を出さずに肉球で叩く、優しい教育的指導の「猫パンチ」もあります。

なので、「柱の爪研ぎ」も、「肉球分泌腺マーキング」ならば、「爪を引っ込めて」やれば良いところですが、やはり「ストレス解消」「征服感と達成感」の為に、爪で引っ掻かないと気が済まないのでしょう。

余談ですが、私たちの衣服に爪が引っ掛かった時、上手に「向こう」に手を動かして外せる子も居れば、何度外してやっても「手前」に引っ張ることしか考えられない子も居ます。猫は経験によって次々に新しいことを学習する賢い生き物ですが、爪に関しては「一度思い込んだこと」を改めない子が少なくないような気がします。

尻尾《しっぽ》に関しても同様で、軽く踏まれただけなのに、日頃穏やかな子が「ぎゃっ!!」と凄い声を上げるのが不思議です。もしかしたら「爪」と「尾」に関しては、猫自身も扱いに困っている言わば「別な性格」の特殊な存在なのかも知れません。

TRUTH 010

猫の被毛に関するウソとホント

「猫の皮毛《ひもう》」は、猫の健康状態をかなりの部分まで表しています。それらは、「毛艶」と「毛並み」に二分され、「毛艶」は、見た感じの「毛並」が荒れてぼそぼそとした感じでも、撫《な》でてみると、「しっとり、柔らかい（良い毛艶）」であることもよくあります。大概は、見た感じの

「毛並」が荒れてぼそぼそな感じの時は、「毛艶」も柔らかさや滑らかさが無く、乾燥した堅い感じになっていることが多くあります。「毛艶」は、猫の栄養状態、循環器の状態、水分保持の状態をよく反映し、「毛並」は、全体的な不調の他、何処かの部分の中程度以上の不調や、全体に関わる自律神経系の様子を反映していることが多くあるように思います。また、一般によく言われる「猫毛アレルギー」とは、猫の毛と共に、室内に飛散する「猫皮脂」がアレルゲンと言われます。乾燥した（ある意味何らかのトラブル）皮脂で、フケのようにはがれ飛散する場合の他は、皮脂は毛と共に飛散するようです。

実際、一〜二本の猫毛に皮脂が着いているのは見えませんが、掃除をサボったところには「どろっ」とした埃《ほこり》が溜まり「脂肪分」を痛感します。パソコン・プリンターやファックス付き電話などは、半年で駄目になってしまいます。また、「頬と肉球」の分泌物も、ケージのフェンスに引っ掛けた「水入れ」などの縁でよく頬擦りをしているのですが、数日で外側に「べとっ」としたものが着きますから、そこそこのものが結構な量分泌されていることがわかります。

猫の種の違いや個体差で、「本毛」の下の柔らかい産毛のような、しかし短くもない、言わば「下毛」が多い子も居ます。あくまでも印象ですが、「下毛」は、黒猫、サバ猫に多く、白猫、茶色猫、サビ虎に少ないように思えます。もちろん例外も多く見られます。むしろ例外の方が当然で、毛色と皮脂の多少と下毛は、別な遺伝的要素（セットではない）なのかも知れません。

猫は健康な状態でも、季節の変わり目には比較的多く抜け毛が見られます。特に、寒い時期を越え春になる頃には、下毛は勿論《もちろん》多く抜け、本毛もよく抜けます。しかし、脱毛が多いのは、何らかのトラブルを考えるべきで、ヴィタミン、ミネラルの偏《かたよ》りや不足を懸念、検討すべきでしょう。

また、健康な猫でも「天敵や獲物に臭いで悟られない為」と「ヴィタミンDなどの経口摂取」などの為に、グルーミングをよくするものです。その結果、ある程度の毛を食べてしまい、胃の中に「毛球」として溜まってしまうものです。しかし、脱毛が多い場合と、何らかの心因性のトラブル、ストレスなどでグルーミングが執拗《しつよう》で過剰な場合、食べてしまう毛の量が異常に多くなり、胃腸に損傷を与え重大な問題になります。

この「毛球症《もうきゅうしょう》」対策は、「猫草」であると思っている人も多いのですが、胃壁を刺激するには、よく売られているまだ幼い「燕麦《えんばく》」の葉では役不足のようで、若干の毛球は嘔吐で排出されますが、何か他のきっかけでまるで便のような大きな毛球が嘔吐されることがあり、それの一割も「猫草」では出てくれないのが印象です。しかし、猫は、本能的にイネ科の葉を食べます。幾つかのイネ科の植物は、毛球対策の為だけでなく、様々な効果効能が語られており、主にその目的の為に本能的に摂取する要素もあるのだろうと思われます。

実際の「毛球症」の対応には、製薬会社で出している「ワセリン製剤」を処方するお医者さんが殆《ほとん》どですが、事故の報告が少ないのが不思議でならない怖いものという印象が否めません。水分で薄まる訳ではない筈《はず》なので、吐瀉物《としゃぶつ》を誤嚥《ごえん》したら一巻の終わりです。それ以前に、長期使用によっては腸壁《ちょうへき》を損傷させ、下痢の原因にもなりますが、「毛球が出来てからでは遅いから日常的に」というお医者さんさえいます。そもそも石油製剤であり、「消化されないから安全」とおっしゃるお医者さんも多いですが、「消化されない」ということは異物であり、プラスティックの欠片と同じという理屈の筈です。しかし、「毛球症」の悪影響、「食欲不振、慢性的な胃腸へのダメージ、胃の働きを阻害、便秘を誘引し毒素が長く排出されない」よりも、（ワセリン製剤の）リスクを覚悟した上での判断ならば否定は出来ません。が、お医者さんの言い方は、まるで何のリスクも無いかのようであり、その点は改善されるべきではないでしょうか。また、療法食の「ヘアボールコントロール」の類いは、不溶性食物繊維で絡《から》め取って排出するというものです。食物繊維自体は、「胃腸を掃除する、腸内細菌の餌になる（主に水溶性食物繊維）、毛球のみならず、便、劣化した（及び細菌を取り込んだ）胆汁などを絡めて排出する」などのメリットがありますが、やはりこれも「消化されない＝異物」であることも否めません。

いずれにしても「ワセリン製剤」も「準療法食（食物繊維添加）」も、対処療法ですから「脱毛が多い、グルーミング過多」の根本的な問題に取り組まないと、何時までも繰り返すことになり、そのリスクも積み重なり、根本原因自体の問題も増大します。

CHAPTER 05

猫の食事に関する10の疑問

TRUTH 001

猫は肉食性か？

「猫は肉食性」に関しては、まず異論の無いところだと思います。まず、腸の長さが主だった動物の中で最も短いのです。腸の長さは体長の何倍かで言われますが、人間が十倍で犬が約六倍、牛、羊などの草食動物が二十倍ですから、人間は正に「中間的（雑食）」を示し、犬はやや肉食寄りの雑食をしています。それに対して猫は体長の四倍しかありません。これが「肉食を示す最大の根拠」とも言われます。また、唾液《だえき》中に炭水化物分解酵素が無い（もしくは殆《ほとん》ど無い）、脾《ひ》臓で生成されるそれも非常に少ない。植物性油脂からアラキドン酸を合成する酵素が無い。野菜に多いβカロチンをヴィタミンＡに変換する酵素が殆ど無い。さらに、上質の蛋《たん》白質《ぱくしつ》を多く必要とする。蛋白質を分解、消化、代謝する為のアミノ酸などの栄養素を多く求める、などなどが「肉食に特化している根拠」として語られます。さらに猫の歯は、動物や鳥類を引きちぎり丸呑み込みするのに相応しいものだけがあり、穀物や野菜を租借《そしゃく》する為の歯を持ちません。また人間は、丸呑み込みをしませんし出来にくいので、しようとすると、喉の入り口で「嗚咽、えづく」によって、口に戻します。これを「嘔吐反射《おうとはんしゃ》」と言うのですが、猫（犬も）これが殆ど無いか極めて弱いのです。これらも猫が「肉食に特化している」ことの証明と言われます。

これらいずれも科学的、合理的な定説であり、これ自体に反論するものは一切ありません。ただ、だからといって「そうなのか」で終わってしまって良いのか？　ということです。

例えば、犬には豆類は相応しくありません。が、そのことを知っている人は、愛犬家の半分以下に思えます。そして、「豆類はあげない方が良い」とおっしゃる半数の人が「消化に悪い」とおっしゃり、中には「喉に詰まるから」とおっしゃいます。これもそれぞれ全く出鱈目《でたらめ》ではありませんが。本筋を得ていないと言わざるを得ません。何故ならば、犬に豆類が芳《かんば》しくない理由は、イヌ科が野生生活に於《お》いて、豆類を食べて来なかったからに他なりません。そして、ここが考え落ちなのですが、それは「豆科を主食とする動物も補食しなかった」という意味です。また、豆科ほどでないにしても、穀物も次いで同じように消化に問題があったり、長期では重大な問題を引き起こす可能性があるということです。つまり、犬は、鼠、小鳥などを主食として来なかったが為に、言わば対応するシステムが無いということなのです。

逆に猫は、鼠や小鳥を食べて来ました。故に、豆類、穀物には基本的にアレルギーが無いという理屈なのです。勿論《もちろん》、個体差でアレルギーを発症する子も居ますし、他の原因によって本来の消化器の状態が保たれていないが為のアレルギー発症も多く見られます。

猫は、鼠や小鳥を補食し、その内蔵に在る「殆ど消化されていない植物、炭水化物」「半消化のそれら」、そして「炭水化物分解酵素（アミラーゼなど）」を肉、脂肪と共に摂取しているのです。しかし、ご存知のように、アミラーゼは熱に弱いのです。鼠や小鳥の体温以上に調理してしまえば、猫にとってもそれらの胃の内容物は「消化しにくい」となるのでしょう。

このようなことまで考えますと、猫は明らかに肉食であるのですが、それは、草食の生き物から植物性の栄養素の未消化物と分解酵素を摂取していたから成り立つ「肉食」ということになり、極論を言えば、補食動物の肉だけを与えたり、内蔵と内容物を加熱して与えても意味が無いだけでなく、重要な何かが足りない、ということが言えるのです。

TRUTH 002 猫には生肉が良い？

前項の「猫はほぼ肉食に特化しているか？」というテーマに於《お》いて、その肉は、正しくは生肉であると述べましたが、肉や脂肪自体を加熱してはならないということではないのでしょう。加熱せず「生が良い」理由はおそらく殆《ほとん》ど「分解酵素」の多くが熱に弱いからと考えられます。勿論《もちろん》、その他にも熱に弱いヴィタミン系もあるでしょうが。なので、「猫には生肉が良いのか？」という問いの答えは、「補食動物の胃、腸、肝臓は、生が良い」「何故ならば、半消化植物類と、その消化酵素が加熱で駄目になっていないからである」ということであり、「それ以外の肉や脂肪は加熱しても良い（おそらくその方が良い）」ということになると思います。勿論、本来の野生の生態やそれに応じて整った筈《はず》の体の機能にとっては、全てが生肉である方がまだ未解明の理由も含めて良いのかも知れません。しかし、今日の環境を考えると、化学物質や細菌、ウィルスなどへの懸念から、「胃、腸、肝臓と内容物」を加熱しないことは、とてもリスクが高いと思われます。

TRUTH 003

猫まんまじゃ駄目?

私にとって、想い出深い猫たちとの最初の日々は、町に初めて「動物病院」が出来た時代でした。人間の子供たちでも怪我をしたと言っても「唾つけときゃ治る」と言われてしまった時代ですから、「動物病院」は画期的なことでした。高度成長が始まって、ぼちぼちお金に余裕がある人が出始めた頃だったのでしょう。しかし、殆《ほとん》どの家庭では、町の大きなペットショップの血統証ではなく、クラスメイトから貰ったり学校帰りに拾ったりの雑種の子猫を半外飼いで育てていた時代です。犬さえもまだ拾われていた頃です。そのご飯は、当然のように「猫まんま」。基本は、「残りご飯にみそ汁を掛けて、おかかを振る」もしくは、「塩分が多いのでは?」と気にして下さる方は、みそ汁を掛けずお湯を掛けて「おかかたっぷり」。思えば、「タマネギが危険」という話を誰もしておらず、タマネギや長ネギのみそ汁だったこともあった筈《はず》。それでも、目の前で卒倒痙攣《そっとうけいれん》して死んでしまったということが少なからずあれば、獣医学がどう言おうではなく、自然と一般に浸透した筈《はず》なのですから、不思議であり、謎です。勿論《もちろん》、その怖さは、我が家やご近所では見ませんでしたが、後に、動物病院の待合室でよだれを垂らしぐったりしている小型犬を見て思い知りました。

今日の「総合栄養食」の基準では、単なる「魚缶詰」だけでもNGなのですから、昔の「猫まんま」などの主要成分が「おかか」だけのようなもので、よく何年も生きて居たものだと恐怖すら感じます

TRUTH 004 猫は魚だけで良い？

昔の残りご飯にみそ汁とおかかの「猫まんま」でも、私の母などは、週に四回程は、アジを煮たりして加えていました。近所の魚屋さんから「粗《あら》」を安く分けて貰っていた時期もあります。しかし、流石《さすが》に人間さえもお肉を頂くことは少なかったので、肉を猫に与えた記憶はないと思われます。

「猫は魚だけで充分」というお考えの人も、未だに少なくはないのかも知れません。しかし、「魚だけ」に関しては有名なデメリットがあります。それは、獣医師の先生もおっしゃる「黄色《おうしょく》脂

肪症（イエローファット／汎《はん》脂肪組織炎）」という怖い病気で、体中に酸化した脂肪がこびりつくように溜まってしまい、猫は体中の激痛に苦しむことになります。ところが、キャットフードが発達してからのこの数十年、「黄色脂肪症」はぱったりと見られなくなったようで、多くの獣医師先生が「昔の病気」のようにおっしゃいます。なので、もしかしたら、日常の診察の中で除外されている可能性もあるような気も致します。

ところが、「青魚は怖い」とか「不飽和《ふほうわ》脂肪酸は怖い」という短絡的な判断もまた間違いのようなのです。「不飽和脂肪酸」には、近年話題の「オメガ3系のＤＨＡやＥＰＡ」も含まれます。勿論《もちろん》これも酸化するのですが、その一方で、免疫細胞が外敵を攻撃したり、炎症を起こしたりする際の武器として、「活性酸素」の他に用いる幾つかの蛋白質《たんぱくしつ》を司る一方、自らの細胞壁を丈夫にする働きをも持っているのです。

TRUTH 005

炭水化物は消化出来ない？

この章の前半で幾度か述べましたように、猫は、基本的には、炭水化物消化酵素（アミラーゼ）が極端に少ないか、殆《ほとん》ど無いと言われています。また、その歯の構造、丸呑み込みの手法、短い腸なども、植物の直接的な摂取には適していません。しかし、未だ解明されていない部分も含め、猫は何らかの植物も必要としているはずです。実際、猫は、その補食動物の「胃、腸、肝臓」を生のまま摂ることで、「半消化植物」と「消化分解酵素」を摂取しています。従って「炭水化物は消化出来ない？」という問いに対しての答えは、YESでありながらも、注釈が必要なのです。つまり、「猫は、炭水化物を直接的には消化出来ないが、不要という訳でもない」が最も近いかも知れません。その為には、炭水化物消化酵素（アミラーゼ）と共に、消化し易く砕かれた植物食品を与えることは、有用であろうという考えが成り立つと思われます。勿論《もちろん》、植物の中には猫に猛毒なものもあり、また、大概の植物に含まれる、植物が防衛本応で蓄えた毒「シュウ酸」も、猫のみならず人間にも毒で、尿のpHが下がると結石を作り出す危険性もあります。しかし、そのレベルで言えば、肉や魚でも危険性は皆無ではなく、「何も食べられない」という話になってしまいます。

TRUTH 006

ヴィタミンCは自分で作れる？

「ヴィタミンCは猫に与える必要はないか？」という疑問につきましては、第四章「肝臓の話」で述べましたように、確かに肝臓で合成出来るようです。しかし、腸管、腸内細菌、常在（潜在）酵素、肝臓、及びその他の臓器で「合成、再生、生成」出来るとしても、全体的な状況を把握《はあく》せねばならない筈《はず》です。実際、感染症、炎症、発熱などでは、急速に大量のヴィタミンCを消費します。

ヴィタミンCは、余れば尿として排出されますし、若干の自然な利尿効果もあります。しかし、猫の場合、過剰による下痢の反応が比較的多く現れます。なので、下痢や軟便になれば、量を減らし、その時の安全値を把握し、様子を見ながら徐々にあげて行くという方法がよろしいと思います。これは、ヴィタミンCに対する馴れのようなものらしく、薬理的な反応ではないと思われるので、長期投与の問題や腸壁刺激や損傷の問題はないと思われます。勿論《もちろん》「下痢」それ自体が及ぼす損傷が無いという意味ではありませんし、肝臓自身のヴィタミンC合成の力や仕事を怠けさせるようなことがあってはなりません。

TRUTH 007

ヴィタミンDは皮膚で作られる？

「ヴィタミンDは、皮膚で作られる」に関しても、前章の肝臓の話で少し触れました。要は、「皮膚で作られるから投与は不要」であるのか？「皮膚で作られるのには日光浴が必要、それが不十分ならば食事で摂るべき」なのか？という話です。人間も犬も猫も、皮膚に「7-デヒドロコレステロール」という特殊な物質があり、それにある種の紫外線が当たることで、ヴィタミンDの前駆体が合成されると言われます。なので、獣医さんの多くが、「だから日光浴をさせれば良いのだ」つまり「投与は不要」とおっしゃいます。ところが、人間や犬は、それを皮下で吸収出来るけれど、猫の場合は、皮下吸収が出来ない、もしくは僅《わず》かしか出来ない。つまり皮脂と共に漏れ出てしまう、という説もあります。故に、猫は「臭い消し」の為のグルーミングをせっせとして「舐《な》め取る」ことで、皮膚上に現れたヴィタミンDを経口摂取しているという説もあります。つまり、食物から体内で抽出するのではなく、ヴィタミンD単体を経口摂取しているのであるならば、サプリメントで与えることとほぼ同じとも言える訳です。加えて、口内炎や体調不良時に、グルーミングをしない、したいけれど出来ないという状況では、サプリで与えるしか手がない、とも言えます。さらに日光浴も、ガラス越しでその紫外線が届くのか？　という問題もありますが、充分な説明はなかなか見当たらず、獣医さんでもわかり易く納得の行く説明をしてくれませんでした。

TRUTH 008 猫に良いサプリって？

そもそもサプリ「Supplement」は、ご存知のように「補足、補充、補填」という意味合いのもので、日本に於《お》ける食品衛生の用語では「栄養補助食品」ということになっています。従って、薬事法によれば、何らかの薬品のような「効果・効能」を謳《うた》ってはならないことになっており、昨今のサプリブームでは、警告や発売中止命令なども出ていることもよく知られていると思います。確かに、昨今のサプリブームは異常であると思います。一九九〇年代から一気に加熱した「健康ブーム」は、なかなか覚めやらず、他の方向性に向かう兆しもありません。そして、売る方も買う方も、何か大きな勘違いをしているのではないか？　と思えてならないことが多くあります。

私は、サプリを次のように説明しています。

どんな優秀な進学校でも、全ての生徒がオール五ではない。どんな優秀な教師が、どんな優秀な教材を用いても全ての生徒が同じように完璧に理解し、テストは全員が毎回百点な訳ではない。英語が得意だが数学が苦手な子も居れば、方程式は苦手だったが図形は得意な子も居る。このように、確かに良質のＦｏｏｄと新鮮な水は基本ですが、それでも猫によっては、百点のＦｏｏｄを与えれば、全員が百点の体（健康体）になる訳ではない。この「当たり前」の基本を、サプリを売る側も買う側も、何処かで意図的とも思える心理操作をして「ワザと忘れる」。そして、「この塾に通えば合格間違いなし」的な宣伝文句に「ご利益を求めて殺到する」ようなことをなさる訳です。

本来のサプリのあるべき姿は、何と言っても「生徒が伸び伸びと個性を活かせる校風の優秀な学校＝新鮮な空気、落ち着ける環境、日光と自然な風」そして、「優秀な教材と教師＝良質のＦｏｏｄと新鮮な水」を基本として、臨機応変に必要なものを必要なだけ、適したタイミングで、適した期間「補修授業＝サプリメント」として与えるということだと思います。

TRUTH 009 アミノ酸や生薬は食間に与えるべきか？

アミノ酸及び漢方生薬は、「食間に与えるべきだ」という話もほぼ定説のようです。食前食後、すなわち、Ｆｏｏｄとほぼ一緒に与えると、Ｆｏｏｄの栄養分の消化吸収の大作業に巻き込まれてしまい、アミノ酸や生薬成分の効果が薄れてしまう、とか、栄養分は出来る限り速やかに吸収し代謝されるべきものですが、それと一緒に早々に吸収されるのは良いのですが、早々に代謝されてしまうと、過剰分扱いで排出されてしまうこともあり得るとも考えられているようです。前項で喩《たと》えに出しました「学校の勉強」で言うならば、まず教科書の理解を授業中に頑張る。それでも足りないものを、補講で補習するということと同じです。と、理屈では、このように「なるほど」と思えるのですが、実際は、理屈通りとも限りません。

まず、アミノ酸も生薬も、どのような形で与えるか？　胃も腸も、大仕事をこなし、次の仕事まで休んでいる食間に、また新たな仕事を持ち込まれる訳ですから、アミノ酸に関しては、吸収効率の良いものが求められます。また逆に、時差が考えられているものもあります。生薬に至っては、空腹時に服用すると胃を荒らすものも留意せねばなりません。しかしそのようなことをしっかり説明してくれる漢方薬剤師さんは、なかなかお目にかかれません。ましてやドラッグストアーで平然と売られている漢方の中には、「胃を荒らす」どころではないものも多くあります。

TRUTH 010

添加物は危険なものばかり?

一般の消費者のひとつの大きな傾向として、「良いとなるとこぞって賞賛」「悪いとなると完全に抹殺」という極端な態度があると思われますが、実際の生き物の体は、前述しましたように、相反するふたつの力の拮抗《きっこう》・バランスによって成り立っている訳ですから、本来ひとことで「善し悪し」は言えない筈《はず》と思います。また、「西洋化学薬品による局所対処療法」が主の世の中にあって、そればかりでは良くないと説く「代替医療」の提唱も、緩やかに徐々に改善して行くという「現実路線」が現れたかと思えば「それでは駄目だ、もっと徹底しろ!」という「教条的、排他的な考え」の方々も現れます。その結果、私たちはしばしば混乱、翻弄《ほんろう》させられるのです。それによって、もしかしたら眼の前の愛猫を飛躍的に元気にさせられたかも知れない手段を見誤ったり、見過ごしたりするかも知れないのです。「添加物」に関しても、ストイックに神経質に「全て駄目！　あり得ない！」という人と「無関心、しょうがない」という人の極端に分かれてしまう。これも同じように、「僅《わず》かでも日々、昨日よりは今日はより多く理解しより改善して行く」として行かねば、裾野は広がりません。

ここで、本末転倒なことを申し上げます。そもそも「添加物」は、有害なもの、不要なものばかりではない、ということです。その基準が十分であるか否かは置いておいて、「総合栄養食」の基準を満たす為には、添加は必須です。ドライフードでもウエットフードでも、加熱処理をしたのちに、熱に弱い成分を添加しなければ、基準を満たしません。従って、「添加物」は、「明らかに有害な添加物」「別な目的では認可されているが実は別な面では有害」「必要な栄養素やバランスの為に必須な添加物」があり、それをまず認識すべきと思います。さらに、「必要な栄養素やバランスの為に必須な添加物」ですが、例えば、猫に必須の「ヴィタミンA」や「タウリン」が天然素材由来なのか？　それとも石油由来などの合成なのか？　また、ヴィタミンやミネラルの添加が謳《うた》われていますが、果たして猫が吸収し易い形、例えば、クエン酸キーレートなど、吸収し易い物質でコーティングや合成してあるのかどうか？　なども考える必要があると思われます。

勿論《もちろん》、私たちが細かく吟味するのはとても大変です。それでも、全体的にその主旨、姿勢が信用出来る会社とそうでも無い会社は、ある程度は見極めることが出来る筈です。

CHAPTER 06

猫の病気に関する 10の疑問

●はじめに述べさせていただくこと

そもそも猫の体のトラブルの医学的な理解は、私たちにはとても難しいものがあります。勿《もち》論《ろん》、獣医師の先生方、専門家の方々は、現場や様々なインターネットのサイトでわかり易く説いて下さっていますが、それでも目の前の我が子の様子に一喜一憂するばかりの私たちは、直ぐに理解出来ないことがあります。逆に「妙に理屈っぽく言ってもわからないだろう」と説明を省く先生も居れば、質問しても「訊いてどうすんだ！」と不機嫌になる先生もいます。（勿論、目の前の限定された状態と向かい合う限られた時間の中での説明では、割愛せざるを得ない関連事項や例外、ケースバイケースの話も多々あるに違いありません）。このような理由から、本章は、学術的で難解な説明ではない、一般の愛猫家さんにわかり易い説明を心がけたつもりです。その結果、学術的にはおかしな表現もあるかも知れません。また、私の勉強不足も多々在るに違い在りません。その点は真摯《しんし》に学ばさせて頂きたいと思います。宜しくお願い致します。

TRUTH 001 猫エイズは母子感染しない？

多くの獣医さんが、少なくとも二〜三年前までは、異口同音に「猫エイズ（FIV）は垂直感染（母子感染）しない」とおっしゃっていましたが、果たしてどうなのでしょうか？

勿論《もちろん》、学会や専門家の間で、定説がひとつに確定するまでには、数十年の時間が費やされます。かと思えば、その定説が、ある日突然覆《くつがえ》されることもあります。実際、「母子感染する」という意見もあれば、「グルーミングでさえ感染する」という意見さえもあります。にも拘《かか》らず、「定説」及び「わかり易い、しかし詳しい説明」が得られないのです。その状態では、私たちは、「何も信じられない」という気分になってしまいそうです。と、悩みを訴えれば返ってくるお返事。「否定的意見がある以上楽観すべきではない」「心配ならば大事を取っておくべきだ」は勿論おっしゃる通りと思います。しかし実際そうも行かない時もあり、そのような時の方が多いのです。

例えば、子供が生まれたばかりの母猫と子猫を一緒に保護した。これ自体は間違いなく正解です。子猫は最低でも二ヶ月、母乳が必要だからです。しかし、その母猫がＦＩＶキャリアであった場合、その判断は突然難しいものになります。「母子感染していないが、授乳中に感染するかもしれない」と危惧するならば、「早速、母猫から引き離し、人間が授乳させるべきだ」となりますが、子猫は、母胎に居るころから母猫に貰った「抗体」で守られており、それが消える半年前後までは、正確な感染の有無はわかりません。生まれながらに感染しているのであるならば、そのまま引き離さず、母乳を授乳させるべきでしょうし、感染していないのならば、引き離すのも選択肢であろうと思われますが、その結論を出す検査が出来ないのです。勿論、抗体価検査ではなく、ウィルス遺伝子検査、つまりウィルス自体が存在するか否かの検査もあります。しかし高額で時間も掛かる。その間にも出来事は進んでいる。抗体簡易検査はその場で三十分前後で判明します。尤《もっと》も、私と猫の苦労の経験では、その場でわかる簡易検査の「誤差」で振り回されたことがありました。

TRUTH 002 ワクチンの効果について

保護した猫が、瀕死の状態から少し元気になった、「頑張った！」「もう大丈夫か？」と思った頃に血液検査をして、FIV（猫エイズ）やFeLV（猫白血病）が判明すると愕然《がくぜん》とするとともに、得も言われぬ怒りと哀しみが込み上げて来る。きっと同じ体験をされた方は少なくないのではないでしょうか？「何故この子が？」「何故こんな可愛い子が？」と、考えるのはエゴイスティックかも知れませんが、別な子だったら良かったということでは全くなく、運命を恨むような自然な感情ではないでしょうか。ところが哀しいことに、どんな本を読んでみても、ネットで検索してみても大した治療法はなく、余命の穏やかな過ごし方であるなり、「発症しない子も居る」だったりです。流石《さすが》に、「発症しない子も居る」と言われても、「この子に限ってはしないだろう」とまでは都合良くは考えられません（矛盾していますが）。覚悟をしつつ、祈る想いで出来ることをして行こうと決意するのでしょう。そして、多くの情報の「治療法」のところに、ワクチンのことが書かれているのを見て、また得も言われぬ感情に教われるのです。「これって治療法？」と。

まず、「ワクチン自体の有効性」と、「副作用」に関しても様々な異論があります。次に、現行の猫用ワクチンの内容が、今ひとつ理解納得出来にくいと思います。ワクチンは、その病原体を意図的に感染させ、人為的に抗体を作らせるものですが、病原体の病原が活性であろうと不活性であろうと、量が微量であろうと「人為的」であることや「感染させること」には変わりがありません。にも拘《かかわ》らず実際多くのお医者さまが、「ワクチンは極めて有効な、れっきとした予防法である」とおっしゃると思います。決して「利ざやが良い」からだけでは無く、心底《しんそこ》信じていらっしゃる方が多いと思われます。

一方、「ワクチン否定論」の中には、「そもそも効果が証明されていない」の他、「不純物の危険性」を説く話が多くあります。その不純物は、ワクチン製造過程で不可避の物質であったり、大量生産の為、つまり利益の為に添加されるものもあると言います。いずれにしても、十九世紀末のワクチンの発明が奇跡のような貢献を果たしたが為、その後二百年もワクチン神話が続いて来たのです。やっと近年になって、例えば「子宮頸癌ワクチン」などの事故で危険性が周知されるようになって来ました。しかしそれさえも「賛否両論」ですし、２０１６年６月には、とある自治体が「副作用の検証を打ち切る」という意味不明の判断を下しました。

しかも、「F・I・V・猫エイズワクチン」に関して言えば、幾つかある「ウィルス型」の一二種にしか効果が無いと言われます。また、より致死率が高く、感染・発症して二週間ほどで逝ってしまう「F・I・P・猫伝染性腹膜炎」などはワクチンさえ存在しません。

TRUTH 003 ステロイド剤に関する疑問

獣医学の現状、西洋式化学製剤による局所対処療法の問題点は、頼り感謝しつつも疑問も絶えません。正にこの「ステロイド剤」ほど、この数年でお医者さんの扱い、考え方も変化したものは無いのではないでしょうか？

まず、十〜十五年以上前は、何も臆せず当然のように、頻繁に、何の説明もなく投与なさっていました。その当時は、診察室でも会計の窓口でも、「ステロイド剤を用いたから幾ら幾らです」の会話がありました。ところが十年程前から「ステロイド剤」という言葉が急に減り、「炎症を抑える薬」という表現が増えました。後で知れば、人間の医療に於《お》いて「ステロイド剤の弊害」がぼちぼち語られ出した頃でした。そして、五〜七年ほど前から「ステロイド剤は、希《まれ》に免疫力を低下させることがあるので、予防措置として抗生剤も一緒に投与します」とおっしゃる先生がちらほら現れました。勿論《もちろん》、何もおっしゃらない昔のままの先生の方が主流でした。さらに、三〜五年ほど前になりますと、ステロイド剤のリスクやデメリットを説いて下さる先生も現れ、それでも「この症状の場合はやむないだろう」というような説明をして下さることを初めて体験しました。「先生によりけり」と思われるかも知れませんが、これらの推移の幾つかは、複数の先生に大体共通して見られ、中には同じ先生の変化実例もあります。そして、二〜三年前から、ぱったり「ステロイド剤」を使わない先生が現れるようになったのです。

このような推移の中で、私も必死に勉強しました。否定的な考え方の情報には、極端なものを感じることも多々ありました。逆に、先生に「わかりたいが為」の質問をしたのに、機嫌を損ねられたり、はっきりキレた先生も居ました。喧嘩にもなりました。当然、猫には無関係、猫の為にも無益な争いをしている場合ではないと自戒も致しました。勿論、病気によっては、「他に手が無い」と、お医者さんも悔しく歯がゆい思いをなさっていることも多いに違い在りません。だから不愉快になる、ということもあるのかも知れません。逆に、全く疑問も感じていない先生もいらっしゃいますし、疑問や弊害をご存知だけれど、「他に手が無いのだから」と毅然《きぜん》としてらっしゃる先生も居ることでしょう。

兎《と》にも角《かく》にも、「ステロイド剤」に関しては、明らかにお医者さん側でも解釈が変わり、使用のタイミングを熟慮する方向に向かっている印象を強く持ちます。おそらくこれは事実なのでしょう。

そもそも炎症というものは、生き物の体の中の防衛軍が、体の何処かを戦場にして、闘っていることで生じるものです。戦場では、銃弾が飛び交い、爆弾が破裂し、家屋も吹き飛べば、住民も流れ弾に当たります。アレルギーや自己免疫疾患に至っては、「居ないかも知れないテロリスト掃討《そうとう》作戦」のようなもの。それらを鎮静、鎮圧する為に「核兵器」を用いざるを得ない時もあるのかも知れません。ただ、核兵器は、その後の後遺症が大変なことは言うまでもありません。

TRUTH 004 抗生剤に関する疑問

前項で、「ステロイド剤」の効果とリスク、獣医師先生たちの間でのここ十〜十五年の変化、そして、私たちが振り返るべきことなどを述べさせて頂きました。そして、「ステロイド剤起用」の際、セットのように「抗生剤」が投与されることにも触れました。それこそが「ステロイド剤によって免疫が下がる」ことを意味し、お医者さんもわかっているということなのですが、ご存知のように一般で言われる「抗生剤」は、細胞膜を持つ「細菌」にしか効かないのです。よって、二次感染、日和見感染の細菌の増殖を減らすことには有効ですが、ウィルスにはダメージを与えません。それどころか、やっと最近になって、一般の獣医さんも私たち庶民も理解関心が増して来ましたが、「腸内環境」にとって「抗生剤」はやはり「諸刃の剣」なのです。「ステロイド剤」に関して、前項で「言わば核兵器だが、それで形勢逆転を期する場合もあろう」「但し、後処理を覚悟せねばならない」と申し上げました。「抗生剤」は、流石《さすが》に「核兵器」ほどではありませんが、それでも「無差別爆撃」に近い威力と弊害があることは事実と思われます。その一方で、猫の病気のその時点で問題になっている症状（局所）に対する効果を百点満点で考えますと、如何に「後遺症」「副作用」が少なく、「体に優しい」とは言え、中医・漢方方剤や生薬、西洋生薬（ハーブ）、アーユルヴェーダ生薬の場合、ある一部を除いて、平均二十～四十点が限度です。勿論《もちろん》この成績は、「タイミング、順番、量、質」によって大きく変わります。それに対し「抗生剤」は、六十～八十点、場合によっては、それ以上の結果を見せてくれるのも事実です。故に、やはり「形勢逆転」を期さないと総崩れになる、というような時には不可避の選択が「抗生剤」と思います。実際、あの時、お医者さんのおっしゃるように抗生剤を使っていたら。ある程度の期間ちゃんと投与していたら。と後悔、自責する哀しい例も少なくありません。勿論、逆もあります。また、「抗生剤の弊害」に関しては、獣医先生たちが、実はよくわかっていないのではないか？　という一般町医者さんレベルの普遍的な問題も感じます。

それよりも、疑惑を抱きますのが、中医・漢方生薬・方剤に対するご意識ご評価です。一般の獣医さんたちの殆《ほとん》どが、言わば「毛嫌い、商売敵《がたき》」とさえ思っているのか？ それとも「エビデンスが無い」を理由に、「卑下、過小評価」しているのでは？ と思えるのです。

逆に、化学製剤でも生薬でも、その多くは局所的な効果効能の他に、総論として、自律神経と恒常性にとって「正負」のどちらかに偏《かたよ》る筈《はず》です。より専門的に言えば「収斂《しゅうれん》性か拡散性か？」のどちらかの傾向に偏《かたよ》る筈で、この判断、適合性を誤れば、そもそも東洋医学では重大な誤診なのですが、西洋局所対処療法では、何十年何百年も問われずに来たことをご自壊なさってないと思われます。

TRUTH 005 ＦＩＰ（致死率の高い伝染性腹膜炎）に関する疑問

私の哀しい経験から言われせて頂くと、猫エイズや猫白血病よりも怖い病気がこのＦＩＰだと思います。比較するのも述べるのも哀しく悔しいのですが。猫エイズ、猫白血病の場合、猫が健気に闘っている姿があります。そこには神々しく美しくさえ思える命の戦いの姿があります。しかし、ＦＩＰは、劇症的であるばかりでなく、発症してからの急速な展開の全てに渡って、猫の戦いをあざ笑うかのように、いたぶり、そして、苦しませながら死に追いやるのです。その様子は、猫の尊厳さえ認めないかのようでもあります。にも拘《かかわ》らず、ワクチンもありません。勿論《もちろん》可能性のある治療法さえも語られていません。

実は、一般に言われて来たことと若干異なりますが、FIPが何故にそこまで猫の尊厳を蹂躙《じゅうりん》するのか？　何故に健気ながらも果敢な戦いを愚弄《ぐろう》するのか？　それはFIPの病原性、残酷さが、猫の頑張りに比例するからでもあります。つまり健気に立ち向かえば向かうほど、闘えば闘うほど、それが鏡で跳ね返って来るかのように猫自身の体を傷つけるのです。言わば、自己免疫疾患の一種とも言ってよいと思えるほどです。しかも、既存の自己免疫疾患の場合、よほどのことが無ければ、その威力も進行もFIPほど劇的ではないと思われます。ところが、FIPは、僅《わず》か二ヶ月（ほぼ最長）で、発症まで元気に「ご飯！　ご飯！」と言っていた子が、のたうち回って苦しんで命を奪われてしまうのです。まるで「病気と闘う強い意志に比例して」「生きるべきと堅く思えば思うほど」病原性が高まるかのようでもあります。

FIPの理解、解明は日進月歩。一般の私たち猫の家族（飼い主／オーナー）の間でも、FIPが話題になり始めた二十年近く前から、ほんの一～二年前までは、「FIPは病原性が高くないが、感染力が高いコロナウィルスが、何らかの原因で猫の体内で病原性の高いウィルスに変身し発症する」と言われて来ました。そして、平成二十八年初頭の今現在でもインターネットで検索してたどり着く、ある程度信憑性《しんぴょうせい》の高い、獣医師さんや準専門家さんのサイトでも「猫から猫の感染は事実上無いようである」という文言ばかりです。これについては、某大学病院獣医科の研究員さんともお話致しましたが、「感染報告がある」とのことで、疑問視すべきことではあると思われます。

現場の獣医師さんも、「感染しないという一般論を知らずに伝染性の名前故に感染すると思っていた人」「ＦＩＰＶは感染しないが、コロナは感染力が強いから、その意味の名称だと理解していた人」「ＦＩＰＶはもしかしたら感染するかも知れないから、この名前で良いと思っていた人」などなどが混在しているように思います。そして、また最近では「やはり感染するようだ」となってきていますから、結局「改めなかった人々」が正解となってしまうのかも知れません。しかし、当初の人々の理解が正しかったという意味ではないはずです。

実際、出合う先生全てのおっしゃることが異なりましたし、そもそも、「コロナ抗体検査」をしても曖昧《あいまい》にしか答えが出ず、それも疑って初めて、家族が希望して初めて検査に至るのですから、疑わなければ、「何らかの感染症」「急性胃腸炎」「神経炎」などの診断で対処療法で様子を見ている間にあっという間に重篤期に入って、「これはＦＩＰだ」とわかった時には後の祭りです。尤《もっと》も、初期にわかったところで、処置は変わらないのですし、お医者さんも何度もご経験なさっているに違いないので、「まさか（違うと）と思いたい」まま、終末期に至ってしまうのが現実なのでしょう。そして出された哀しい経験則が「死ねば、やはりＦＩＰだったか」「死なねば、きっとＦＩＰじゃなかったんだ」ということです。

TRUTH 006

FLUTD(尿路疾患症候群)に関する疑問

猫の泌尿器・尿路の疾患は、十年ほど前までは、もっぱらFUS（Feline Urologic Syndrome／猫泌尿器症候群）」と呼ばれていましたが、それ以後は、「FLUTD（Feline Lower Urinary Tract Disease／猫下部尿路疾患）」と呼ばれるようになりました。この概念の変化（進歩？）は、排尿機能とそのトラブルの説明に於《お》ける、より厳密な表現に努めた結果と考えられますが、飼い猫の食生活の向上に伴う良い面悪い面の双方が絡む、ある種の生活習慣病的なものの増加と、完全室内飼いが進み、排尿の様子がよくわかるようになって早期発見が増えたことによる、疾患に対する関心・理解の向上もあるように思います。この「尿路系のトラブル」は、FIV（猫エイズ）やFVR（鼻気管炎）などの感染の無い子にも起こりうる、ある意味、最も身近なものと言えると思います。

「排尿管（尿管と尿道）」の流れを阻害するものには、「結石」の他に「塞栓子／石以外の物質／主に尿道）」「狭窄《きょうさく》（管内部が腫れるなどで）」などがあり、全く別な隣接する臓器などの腫れによる圧迫も考えられます。また、これらの排尿システムの疾患の原因は、非常に多様多岐に渡りますが、大きく分けて「血管成分の問題（膀胱の上から来る）」「外部からの感染の問題（膀胱の下から来る）」「これら二種の複合」となると考えられます。

さらに、「閉塞」を引き起こす物質には、愛猫家の間で最もよく知られる「ストルバイト(Struvite／リン酸マグネシウムアンモニウムなどのリン酸塩鉱物)」と、比較的希《まれ》だからか、ご存じないご家族も多いようですが、より危険な「シュウ酸カルシウム」、などがあります。

さほど重要ではないことだとも言えますが「ストルバイト結石」というものがそもそもおかしな言葉で、ストルバイトは、「リン酸マグネシウムアンモニウム」という物質の結晶です。尿閉塞になって、膀胱が卵大を越えると大変危険なので、病院に飛び込み(勿論《もちろん》、何らかの衝撃で膀胱が破裂でもしたら大変ですから、落ち着いてですが)閉塞を解除して貰います。尿を出して貰う時、大きな塊が見えたり、尿を集めたシリンジやステンレス皿の底に、キラキラと光る物が見えます。大きな塊が幾つか見えれば、「こりゃあ詰まって当然だ」と思いますが、サラサラな細かな微粉末状の結晶や、肉眼で見えない結晶の場合、日常的に流れているかも知れないのです。勿論、結晶自体が集まって大きくなることもあるでしょうが、それでもそれは「結晶」であり、「石／結石」とは別種のものの筈《はず》です。

また、このストルバイトの結晶が大きくなり、尿道壁、膀胱壁を傷つけたり、流れを阻害したり、最悪閉塞させたりするほどの大きさになるには、別な要素、前述の「塞栓子」の存在を知らねばなりません。それは、前述したように、膀胱や尿管、尿道の損傷した壁の細胞の残骸、出血した場合の血の塊、白血球やリンパ球の死骸、有害細菌の死骸などです。これらが核となってストルバイトが癒着し合い、より大きな結晶となると、「結石」同様の悪さをしでかすようなのです。

言い換えれば、ストルバイトの微粉末が、比較的日常的に流れていたとしても細胞壁を傷つけたり、閉塞を引き起こしたりはしないけれど、何らかの理由で何らかの「核」が出来ると、襞面《てきめん》に結晶が「核」を中心に集まり大型化するということです。しかし「リン酸マグネシウムアンモニウム」の性質上、尿のpHが酸性になると容易に融解します。それ故「療法食」には、その作用が主力に置かれます。

TRUTH 007

シュウ酸カルシウムに関する疑問

ストルバイトを前述のように「結石ではなく結晶＋塞栓子」とするならば、結石の八割以上は、この「シュウ酸カルシウム結石」であるとも言われます。ストルバイトが、尿pHが下がれば（酸性傾）容易に溶解するのに対し、この「シュウ酸カルシウム結石」は、むしろ酸性下で結晶化すると言われ、深刻な閉塞の場合、切開手術しか対処法がないという恐ろしいものです。

人間でも、動物性蛋白《たんぱく》や脂肪の過剰摂取で、血液・尿のpHが下がり（酸性傾）、それを中和させんと（恒常性の一環）骨などから調達したカルシウムが増加し、同じく中和に消費されてクエン酸が減少するなどの多重な悪循環によって、シュウ酸がカルシウムを結石化して生じると言われています。

猫は人間よりも犬よりも遥かに肉食に特化した生き物ですから、この構造（悪循環）には全く不利である訳です。結果として、この結石に関わる物質は、「シュウ酸（主に外部から食餌で摂取される）」「カルシウム（外部からよりも多くは骨から調達される）」「クエン酸（代謝回路で常時多用されている）」であり、好条件が「血液・尿のｐＨが下がる（酸性傾）」ということのようです。

そこで、ＦＬＵＴＤに配慮したＦｏｏｄや療法食は、ストルバイト予防の為にマグネシウムを制限し、シュウ酸カルシウム結石予防の為にカルシウムを制限するダブルの削減を基本に、ストルバイト療法食では、血液・尿を酸性化させる成分を添加し、シュウ酸カルシウム結石療法食では、それをしないか、逆にｐＨを上げる（アルカリ傾）成分を添加するのです。

もうお気づきでしょうけれど、カルシウム不足を補う為に骨から補充しているかも知れない（脱灰という怖い状態です）のに、カルシウム制限をしているのです。むしろ低カルシウム状態が、後述の「シュウ酸カルシウム結石」を増長しているという逆説さえあります。

TRUTH 008

鼻気管炎・結膜炎に関する疑問

猫の「鼻水、くしゃみ、咳」などの鼻炎、気管炎などの呼吸器疾患。そして、「涙目、膿性やゼリー状、血混じりの目やに、結膜炎、眼瞼《がんけん》炎」などの目の周りの疾患は、「ヘルペスV、カリシVなどのウィルス性感染」と、ウィルスと細菌の中間的な存在と言われる「クラミジア感染」が基本にあり、そこに常在菌の（つけ上がり的な）二次感染があると言われています。一部口内炎にも関わることがありますが、涙腺と鼻腔は深く関わっておりますので、「目と鼻」は、全体的な症状とも言えます。

通称「ＦＶＲ（ネコ・ウィルス性感染症／鼻気管炎）」と言いますが、最近どうも「＝ヘルペス感染症」というような混同がまかり通っているようでもあります。正確には、ＦＶＲ（Feline Rhinotracheitis Virus／猫ウィルス性鼻気管炎）、ＦＣＶ（Feline Calici Virus／猫カリシウィルス感染症）、及びＦＣＰ（Feline Chlamydia Psittaci／猫クラミジア感染症）などが似たような病態を示し、しばしば二種、場合によっては三種が重感染を起こしている場合もあり、さらには細菌の二次感染も加わり、複雑多様で奥深いとも言えます。

●ＦＶＲ（鼻気管炎）総論

私のＦＶＲ（鼻気管炎）全体像の印象的総論は、おそらくかなり独特なので、異論反論も多いと思われますが、経験からの私見を述べさせて頂きたいと思います。

まず、抗生剤が効き得る「FCP」を除外して、ヘルペスウィルスもカリシウィルスも抗生剤が効かないということで、細菌の二次感染を抑える程度であるならば、抗生剤は、全身的な弊害を与えるリスクを犯すより、局所的（点眼点鼻など）な投与を、意図的に「小刻み」にするべきと思います。これは、FVR（鼻気管炎）が、「感染～劇的な発症」という性格ではなく、「他の要因による全身的な体力、抵抗力、免疫力の低下」によって、言わば（ウィルス感染症であるにも拘《かかわ》らず）「日和見感染的」に症状が表出するという性格であることの認識故のものです。このことは、ヘルペスの人間に現れる「帯状疱疹」でよく知られていますので、獣医先生方にも異論はない筈《はず》です。

勿論《もちろん》「鼻炎・鼻汁」で鼻が利かないこと、全身的な倦怠感《けんたいかん》（主にヘルペス）、場合によっては、発熱（主に微熱？）」などで、猫によっては、食欲不振、消化器の弱体化などを併発し、より重篤になることも考えられます。そうなったら勿論、火急的《かきゅうてき》に対応対処すべきですが、その手前、そうではない場合、全身的な抗生剤の投与はいかがなものか？　と思います。と言うより、後述の「腸内環境」のテーマからすると、極論すれば「百害あって一利無し」とさえ言えるかも知れません。従って、FVR（鼻気管炎）の症状が出始めたら、局所的症状の推移（悪化）に注意を払いつつ、早急に「全身的な体力、抵抗力、免疫力」の改善を図るべきだと思います。それは、ＦＶＲ（鼻気管炎）以外の、より大きく重い問題を引き起こす可能性と、既にそれらが生じている可能性が大きいと思われるからです。逆に、そこで「抗生剤」を用いてしまい、表面的な問題が解決したように見えてしまうことの方が、問題であると考えます。むしろ、ＦＶＲ（鼻気管炎）の症状表出は、「腸内環境」とセットになった「生命体の粘膜《ねんまく》防御ライン」全体を把握《はあく》する視野で理解すべきと考えます。つまり、ＦＶＲ（鼻気管炎）は、「腸内環境の悪化」のシグナルであり、モニターであるということです。

●結膜炎・眼瞼炎などの目の疾患

「結膜炎」は、ヘルペスウィルス、カリシウィルスの感染が引き起こした細菌の二次感染も考えられますが、主に「クラミジア感染症」で、よく現れるようです。特徴的なのは、発症からしばらくは片側の目だけに現れ、同じ子は、何時《いつ》も同じ片側に現れる実感があります。また、難治性で、半年〜一年もすっきりしないことが多くある実感です。獣医師の先生方は、大概数種の抗生剤点眼薬を処方して下さります。が、一時細菌の二次感染による膿状の目やになどは治まりますが、ピンク色に晴れ上がった結膜の炎症はなかなか治まりません。その為「ステロイド入り点眼薬」が処方されることもありますが、次第に効かなくなり、半年〜一年の沈静期間を置いた子が再発した時には効きにくい実感があります。「クラミジア感染症」の場合、有効な抗生剤（点眼薬も）があるとのことですが、まだトライしたことがありません。

TRUTH 009

難治性口内炎に関する疑問

猫の口内炎は、前項「8）鼻気管炎・結膜炎」同様に、FHV（猫ヘルペスウィルス感染症）、FCV（猫カリシウィルス）及び、FCP（猫クラミジア感染症）といった、比較的多い感染症による、いわゆるFVR（鼻気管炎）関連の場合と、FIV（猫エイズ）の感染初期、及び末期の特徴的な症状のふたつに大別出来ると思います。と言いますのも、この二大系列は全く基本が異なるからで、西洋対処療法では、同じく「抗生剤とステロイド剤の経口投与、もしくは点眼・点鼻・口内塗布」、さらには「インターフェロン（インターキャット）の投与」ですが、東洋医学、全身療法、自然治癒力サポートでは、FVR（鼻気管炎）とFIV（猫エイズ）は、ある部分全く逆の手法で取り組みます。

その理由は、FVR（鼻気管炎）系が、「体力低下〜抵抗力低下〜免疫力低下〜ウィルスの隆盛（亢進）」であるのに対し、FIV（猫エイズ）は「ウィルスが免疫機能に侵入〜免疫機能が誤作動〜自己免疫系（やアレルギー）と同様の症状」であるからです。勿論《もちろん》、FIV（猫エイズ）の末期には、「自己免疫機能の崩壊＝免疫力消失〜ウィルス、細菌の急激な増殖」という段階を迎えますが、それは言わば結果論であり、その時点では猫の体は完全に敗北している訳です。言い換えれば、FIV（猫エイズ）やFeLV（猫白血病）に感染していない（糖尿病でもなければ）場合のＦＶＲ（鼻気管炎）は、猫自身の防衛軍を立て直せば、形勢逆転の可能性がある訳です。

●ＦＶＲ（鼻気管炎）系の口内炎

猫の免疫力が衰《おとろ》えているところに取り付いた、ＦＨＶ（猫ヘルペスウィルス）、ＦＣＶ（猫カリシウィルス）、ＦＣＦ（猫クラミジア）などによる、眼瞼炎、（結膜炎）、（角膜炎）、鼻炎などのＦＶＲ（鼻気管炎）に伴う「口内炎」は、理屈では、猫の体力、抵抗力、免疫力が復活すれば、自然に治まる（見かけ上は）筈《はず》です。カリシウィルスは、もっぱら「口腔潰瘍《こうくうかいよう》」に特徴があり、ヘルペスは「角膜炎」を引き起こすことが多く、口腔内の炎症は直接的には引き起こさないと言われていますが、粘膜《ねんまく》のダメージを来す為、全く無いとも言えないかも知れません。カリシウィルスは、口腔炎、しばしば潰瘍を頻繁に見せるようですが、結膜炎が特徴的と言われます。そして、これらの重感染（複合感染）も頻繁にあるようです。実際「くしゃみ、目やに、ゼリー状の涙、血混じりの涙、青っ鼻はヘルペスを思わせ」「結膜炎はカリシかクラミジアを思わせ」など、確かに複合を思わせる経験は多くしました。いずれも、猫の体力、抵抗力、免疫力が復活することで症状が軽くなり、「目やに、涙が治まる」「鼻汁が治まる」ということも多く経験しました。しかし、何らかの対応が効奏《こうそう》し、眼瞼炎、鼻炎が改善したとしても、口内炎は最後まで比較的しつこく残ることが多くあります。また、口内炎はほぼ治まったのだが、歯肉炎は残るということもあります。

●FIV（猫エイズ）／FeLV（猫白血病）系の口内炎

この種の口内炎は、FIV（猫エイズ）、FeLV（猫白血病）で苦しく長い闘病を共に闘い、看取った子の殆《ほと》んどが経験するに至りました。当初不思議に思ったのですが、いずれも亡くなる数日前に、驚くほど口内炎が改善するのです。「まさか奇跡が起こったか！」と歓喜したのですが、後でわかれば、「免疫力が底を突いた」結果でした。なので、数頭を看取った経験では、やはりFIV（猫エイズ）系の難治性口内炎は、自己免疫疾患同様の、免疫力の過剰亢進《こうしん》なのだろうと実感したのです。

●第三の（自己免疫疾患系）口内炎

FIV（猫エイズ）でもFeLV（猫白血病）でもないのに、ある種の自己免疫疾患のような強烈なアレルギーのような口内炎には、実際私も高齢猫で何年も四苦八苦しました。一説には、猫の免疫機能が、猫の歯そのものを敵と見なす自己免疫系の変調によると言われ、その引き金は「ある種の蛋白《たんぱく》」が分解出来ない結果だとも言われます。これについては、まだまだ勉強が足りないのですが、それを解決すると謳《うた》った高額な酵素も入手して試みましたが、成果は得られませんでした。「ある種の蛋白」が原因ならば「突破口はプロテアーゼなのか？」と思えば、口腔粘膜のような弱い部分にプロテアーゼを塗布すると、「粘膜が溶ける」という怖い話を聞けば尚のこと「酵素療法」は如何なものなのか？　と思ってしまった訳です。現段階では、口内炎の治療は、「患部の局所対処療法」と同時に「腸内環境」、ならびに「腎臓、肝臓のフォロー」ということしか考え至らないのです。しかし、何度か前述致しました「体力、抵抗力、免疫力の復活」はかなり意味深いKey-Wordだと思っています。この他、「口内炎（および歯肉炎）」には、「歯砕細胞説」や「細菌説」などもあり、まだまだ勉強が足りないのですが、情報も殆ど入ってこないのも辛い現実です。

TRUTH 010

慢性腎不全に関する疑問

「猫の腎不全」は、怖い感染症が新たに急増したり蔓延《まんえん》したりしても、依然「死因のトップ」にあるようです。これは、既に「第三章：第五項」と「第四章：第五項」でも述べたように、「腎臓の濾過《ろか》装置：ネフロンの先天的な数」が猫は圧倒的に少ないからに起因するということは、紛れも無く定説であるようです。

「先天的な」としましたのは、仮に「小さく生まれたけれど大きく育った」つまり、兄弟より小さかったのに、途中で追い越した、はしばしば見かけますが、それでも生まれる前後に確定してしまう「ネフロン」の数は増えることはなく、減る一方であるという意味です。

そして哀しいかな、左右の腎臓のどちらも、七〇%以上損傷するまでは、「SOS」を出してくれないのです。言い換えれば、黙って頑張ってしまうのです。「その為にも左右ふたつあるのだ」と言われても切なさは減りません。しかし、その「損傷を限りなく減らして行く努力」は、これから先もまだまだ新たな取り組みや情報が生まれる可能性があると信じたいところです。そして実際、学べば学ぶほど、そのことがわかり、可能性が増えて行くようにも思えます。ところが、これに関しての一般のご理解、及び獣医師先生のご理解、ご認識は、未だに非常に低いと言わざるを得ません。

●腎臓にダメージを与える要因はわからないのか？

「腎臓にダメージを与える要因」について、複数の獣医師先生に伺いました。高齢猫と慢性腎不全の子を抱えて、奇しくも途中でかなりの距離を引っ越しましたので、普通のご家族（飼い主／オーナー）よりも多くの獣医師先生のご意見を聞く機会に恵まれました。さらに、「二十四時間獣医師電話相談」にも加入していたので、何度か質問をさせて頂きました。が、殆《ほとん》どお答え、ご認識は変わりませんでした。

まず、異口同音に筆頭に上げられるのが、特別な原因の一過性の問題（急性の尿閉塞などで、一時的に腎臓にダメージが与えられたり、一過性の急性腎不全などの場合など）でない限り、「腎臓の数値が悪くなった＝ある程度の慢性腎不全の始まり」の原因は「不明」ということです。そして、一旦「慢性の腎不全」と診断された後は、「療法食」や「活性炭」しか手が無いこと。勿論《もちろん》、重度になれば「透析《とうせき》」や、特殊な「腹腔《ふくくう》内洗浄」などの処方がありますが、多くはありません。しかし、そもそもこのこと自体が大きな疑問です。取り除くことが出来る何らかの障害。例えば、関連臓器のトラブル、周辺臓器のトラブル、感染症、血流問題、血圧問題、腸内環境問題によって、「一時期的な腎機能への阻害要因」があって、それを除去すれば、「腎機能が回復」する。という仕組みであるならば、「治療」ということが出来ますが、そうではないということです。勿論《もちろん》これは、獣医師の先生の責任でも、獣医学界の責任でもありませんが。

●現状の腎サポート処方の疑問

まず、現状の腎臓サポート・慢性腎不全の獣医先生の処方は、「飲水を減らさない」とか、「療法食を揺らぎ無く与える」などのご指導のみで、希《まれ》に「活性炭サプリ」を珍しく処方して下さったりします。「サプリ」としましたのは、処方薬ではなさそうだからで、私たちでもネット通販で入手することが可能だからです。この「活性炭」に関しては、多くの先生に訊いた訳ではありませんが、人間のお医者さんでも「有効だ！」とおっしゃっていました。が、これには驚かされます。と言いつつ、私も言われるがまま、「お医者さんが言うのだから大丈夫だろう」と半年以上使ってしまいました。

まず、腎臓にダメージを与えるのは、「余った蛋白《たんぱく》・アミノ酸（が変質した）老廃物」であり、

「有害細菌の生成物質や死骸」とのことですが、明確に説いて下さる先生には出会っていません。どちらかと言うと、前者に偏《かたよ》っているようでもあり、確かにその方が「療法食」と矛盾しません。しかし、「活性炭のミクロの穴で有毒物質を吸収し排便する」とおっしゃったので、最初のご説明の時に直ぐに「必要な栄養素は吸着しないのですか？」と伺ったのですが「それは無い」とおっしゃいました。また、別な会社の商品で「石油由来の活性炭ではなく、天然・自然の竹炭から作った」と謳《うた》っているのがあって、「ああ、あれは石油製品なのか」と知る訳です。しかし、石油製品であろうと、天然由来であろうと、「消化出来ない異物」を与え、胃腸を通過させることには変わりはない訳です。異物であれば、プラスティックでも溶けない金属でも同じこととも言えます。そして、「はたっ！」と思い浮かべたのが、一瞬「大発明」のような「活性炭」ですが、言ってしまえば「落とし穴？」ということでした。

「ここに落とし穴を掘っておけば悪い奴がまんまとハマるに違いない！」と。で、「善玉菌や重要な栄養素は大丈夫ですか？」と訊いても「それは大丈夫だ」とおっしゃる。ならば、善玉菌や必須栄養素の分子の大きさと、有害物質の分子の大きさをもれなく全て挙げて比較し、その穴の大きさを決めたのか？　メーカーに訊いても曖昧《あいまい》なご返答しか得られませんでした。

CHAPTER 07

猫の健康に関する10の疑問

TRUTH 001

猫の飲水量って？

猫や動物に限らず人間も、ある程度の「野生の本能」というものは確かにあると思います。しかし、それ以上に、現在の現実的な日常習慣というものの方が遥かに大きく強いという印象を持ちます。この「猫の飲水量」に関して専門家が語る時、必ずと言って良いほど、猫の祖先「リビア・ヤマネコ」を引き合いに出されて、「砂漠で水が無い環境に住んでいた為、飲水量は少なく」のような話になります。が、実際は、既に何百年、何千年、古今東西の猫は、砂漠より良い環境で暮らして来た筈《はず》ですし、現代人の多くが豊かになって健康に関心を持つ以前は、人間も猫も塩分を多く摂っていた筈です。そこでは飲水量も当然多かった可能性があるのではないでしょうか。「リビア・ヤマネコ」の話を否定する訳ではありませんが、砂漠に生きる生き物とは比較出来ないほど多く飲水していたのではないか、と考えられます。勿論《もちろん》、急性腎不全、慢性腎不全の初期、及び糖尿病などでは、「多飲多尿」が見られますから、多過ぎるということは様々な問題の「SOS」かも知れませんが。

ほぼ健康な猫の飲水量は、3kgの子で200〜300㎖/日がほぼ上限と言われ、排尿量は、3kgの子で100㎖〜150㎖/日と言われます。この数字には、私も数年細かく記録しましたので賛同します。すなわち、飲水量は、季節や食事や病気というほどでもない体調によって

150～300㎖／日を上下するということですが、流石《さすが》に300㎖を何日も連続して越えているようでは異常であり、100㎖を常に下回っているようでは心配すべきです。

●飲水の過少・過多の対応　飲水が少ない原因には、胃腸障害、口内炎や歯肉炎の初期で神経質になっている、微熱で倦怠感《けんたいかん》がある、などが考えられます。その他、「全身的な問題で全身的な代謝が悪くなっている場合」、もしくは、「局所的な問題（腎臓や肝臓、心臓、血流、血圧）」で全身的な代謝が悪くなっている場合」が考えられます。胃腸障害の場合は、無理に飲ませても嘔吐してしまうこともあり、半日程度無理をせず様子を見るべき時もありますが、代謝の問題の場合、飲水の少なさが根本的な原因をさらに悪化させることも考えられます。また、根本的な原因の為に、体は「飲水せよ」の指令を出しているのに、胃が受け付けない場合も多く、「がぶがぶ」と飲んで直後に大量嘔吐してしまうこともあります。「がぶがぶ」を見た場合、途中で取り上げ三十分～一時間、間をおかせることも必要かも知れません。水の温度によって嘔吐が防げる場合も多くあります。

このような、「飲んだ水を嘔吐した場合」には、さほど気にする必要はないのかも知れませんが、がぶがぶ水を飲んだ訳でもないのに大量の胃液を嘔吐した場合は、「電解質バランスの崩壊」と「食道壁の損傷」に留意すべきでしょう。

「電解質バランス」の為には、水ではなく「電解水」なのかも知れませんが、スポーツドリンクの類いは、塩分が多めだったり、糖分が足されているので検討が必要です。人間の場合、発汗によって塩分も奪われ補う必要があるからですが、猫は、皆無に近いほど発汗しません。しかし、下痢が続いたり、多めの嘔吐があった場合を別として、タイミングを判断するのは容易ではないでしょうが「電解水」を与えることで「全身状態」が覿面《てきめん》に改善することがあり、当然「下痢や嘔吐の治療」も効奏《こうそう》し易くなります。

下痢、嘔吐がなくても、飲水量が少ない、排尿も少ない、便が乾燥している、口腔内、鼻が渇いているなどの時、首根っこの皮をひっぱって落ちる様子などで「脱水」をチェックする必要があります。嫌がらず嘔吐も無ければシリンジで水分補給をしたり、お気に入りのミルクやスープで水分補給をするのも良いと思います。勿論、ある程度元気なうちにお医者さんで「血液検査」をして重大な問題がないことを確かめる必要があることは言うまでもありません。

TRUTH 002

猫の排尿量って？

猫の場合、人間よりも飲水、排尿量は気をつけるべきと思います。その理由は、「リビア山猫」ほどでなくとも、体質的に飲水・排尿を我慢することが基本にある上に、「寒いから動きたくない」「同室の子に遠慮・気後れして」「面倒くさい」などで飲水・排尿をサボることがあり得るからです。勿論《もちろん》、「全身的な理由の全身的な代謝の問題」「何らかの局所の問題による全身的な代謝の問題」「何らかの局所の問題による、直接的な原因」などで、排尿の過剰・過少が現れることがあります。

私たちの素人目でわかることには限界がありますし、私たちがわかるような異変では事態がかなり進行していることも大いに想像出来ます。単純に一回量が15㎖、20㎖それ以上と多ければ、薄く見えるかも知れませんし、10㎖以下では濃く見えるかも知れません。色で心配するのはあまり意味がないように思います。黄疸《おうだん》ですと、黄色いというよりは強烈なオレンジに近い色なので、歴然としていると思われます。いずれにしても、何らかの心配がある子は「血液検査」の他に、「尿検査」で、尿pHおよび尿比重を見てもらうことが大切と思います。健康な猫で、一日四回前後、合計で3kg前後の子の場合、100～200㎖の間であろうと思われます。100㎖を下回ったり、200㎖を大きく上回るようですと、何らかのトラブルを懸念する必要があります。

排尿で最も心配されるのが「結石による尿閉塞」、次いで「膀胱炎」ですが、一般に、一度その恐怖を味わったご家族（飼い主／オーナーさん）は、以後、酷く神経質にならずとも、些細な変化にある程度敏感になり二度目以降は早期発見出来ると言われています。事実、私もそうでした。言い換えれば、一度経験をする前は気づきにくく、発見が遅れるということなのです。

TRUTH 003

猫の排便頻度は？

水の質や器の質を工夫して行くと「猫の理想的な飲水・排尿量」は、一般に言われているより多いぞ！　という結論を得ます。つまり一般論は、猫本意の検証ではなく、飼い主の生活サイクルの中での、よく言って「無理無く世話出来る範囲の中での飲水・排尿量」ということです。ならば、おそらく「猫の排便量と回数」も、同じような「飼い主本意」で語られているのではないでしょうか？　猫の排便についての「飼い主本意」は、「トイレ掃除の手間」もありましょうが、「人間の排便サイクル」を基準に考えているところだろうと思われます。私の経験則では、人間は、一日二～三回の排便があってもおかしくないと思います。

勿論《もちろん》大腸では、「水分の吸収」とともに「電解質の取り込み」も行うのですから、充分に水分が吸収された便でなくてはなりません。軟便や下痢では駄目なのです。ですが、柔らかめの良便や、少し堅い程度の良便が一日二～三回出るのであれば、それが正常であり、理想な筈《はず》です。ところが、現代人の多くが、三～四日に一回などは普通になっているのではないでしょうか？　そして、当然便は硬く、黒く酸化していたり、乾燥した感じの粒状になっていて、場合によっては排便も辛く、肛門を傷つけたりで余計におっくうになって癖を付けてしまい、一週間も出ないなどという人も現れます。

元々腎臓が弱い猫にとって「便秘」は最悪です。まさか獣医さんが飼い主の便秘や便秘傾向に気兼ねをしている筈もありませんが、今の世の中よろず消費者（とお客）に迎合傾向ですから、意識せずともそうなっているかも知れません。何故なら、殆《ほとん》どの人間が一日二〜三回排便するようであるならば、きっと猫もそれに沿った回数を理想とするに違いないからです。それがそうでもないということは、獣医さんや愛猫家と言えども、猫の腎臓の弱さのことをしっかり考えていないと言わざるを得ません。従って、元気で健康な猫の場合、柔らかめの良便を一日二〜三回か、やや硬めの良便を一日一〜二回排便するのが、普通、健康、当たり前と考え直す必要があるのではないでしょうか？　言い換えれば、それ以上は、水分吸収、電解質取込みの面では充分なのであり、逆に、毒素を何度も「再吸収」しているかも知れないのです。

TRUTH 004

猫の嘔吐についての疑問

猫の嘔吐に関しても、専門家の方々、獣医先生も充分なご説明を下さらないという印象が否めません。そもそも「猫はしょっちゅう嘔吐する生き物だ」位のことを平気でおっしゃる方も少なくなく、中には「多過ぎた胃酸を出している時もある」ようなことをおっしゃった方も居ます。勿論《もちろん》、そのような嘔吐が危険で、少量であろうとも「逆流性食道炎（胃酸が食道壁を傷める)」を懸念する先生も居ますし、電解質バランスを崩し、それがきっかけで体調不良も起こりうるとおっしゃる方も居ます。確かに、それがきっかけで、沈静化していた慢性症状や、慢性的な感染症が隆盛《りゅうせい》することも大いにある訳ですが、「それは考え過ぎだ」とおっしゃる方の方が多い印象です。

●嘔吐の種類

まず、医学的に嘔吐は、「中枢(神経)性嘔吐」と「反射性嘔吐」があるとされ、前者は、延髄《えんずい》、脳にある「嘔吐神経」を直接的に刺激して起こるもので、脳の疾患、大脳や小脳への刺激、心因性(大脳皮質系)、化学物質及び感染症などへの反応(CTZ受容体系)などがあるとされ、後者は、交感神経、迷走神経などが関係して延髄の嘔吐中枢を刺激して起こる、主に内蔵疾患や不調、消化器の異変などが原因と言われます。その他、呼吸器のトラブル、具体的には「喘息《ぜんそく》」に伴う嘔吐についても言われますし、より直接的な「心因性の嘔吐」もあると考えられます。しかしそれが具体的な猫の嘔吐の様々なスタイルにどう関わるのかは、なかなかわかり易い説明が得られません。

●治療の実態

嘔吐止めの化学製剤は、いずれも神経系に作用するものが主流で、若干、血流サポート系もありますが、それも結局は神経薬です。同時に処方される胃腸粘膜《ねんまく》保護の薬も結局は、自律神経に働き掛け、分泌物生成と分泌を促進するものであると言えます。しかし、西洋局所対処療法では、局所的な問題解決の為に薬剤を処方しますので、その作用はあたかも局所的に効果するようにおっしゃいますが、実際は、全身的である筈《はず》です。それに対して、東西の生薬の中には、「全身的に自律神経に働くもの」と「局所的に消化器に働くもの」が比較的分別出来る利点があります。そもそも中医・漢方弁証論治《べんしょうろんち》を理解している先生や薬剤師さんであるならば、交感神経と副交感神経のどちらが優勢の状態であるかによって、治法が全く逆の「証」の見立てが決まるので、医学的な大分類、「中枢系」「反射系」「抗コリン系」「促コリン系」の見立てを誤ることは無い筈です。尤《もっと》も中医・漢方弁証論治をしっかり理解されている先生どころか薬剤師さんさえもが少ないことが問題で、さらに獣医師の先生で代替医療と称して漢方薬を使われている方の多くが、中医・漢方弁証論治の根幹である「全身医療」ではなく、西洋医学薬のように「局所対処療法薬」として処方されることが多いのが実態のようです。

TRUTH 005

猫の下痢についての疑問

前項で述べました「猫の嘔吐」に関しては、「猫はよく嘔吐をするものだ」という不思議な定説があります。しかし、下痢は心配すべき症状であることには、流石《さすが》に異論は無いようです。当たり前と言えば当たり前なのですが、猫は、排尿と同様、外敵に悟られない為に最良のチャンスを得るまで「我慢する」傾向にある為、比較的便秘の子が多く見られます。その意味では人間より下痢を心配すべきかも知れません。にも拘《かかわ》らず、やはり嘔吐同様に、一般の獣医師先生の「猫の下痢」に関しては厳密な分類やそれに応じた対応というものに普遍的な論理性があるとは感じられないのが正直な印象です。一般的には、「胃腸炎」ということで、「血液検査」をするまでもなく、「抗生剤」を処方して様子を見る。それで治まるようならば「感染症だったのだろう」ということで、「二週間ほど抗生剤を続けなさい」、となる訳です。逆に、最近では、「下痢」でも抗生剤を出さない先生も現れて来ました。勿論《もちろん》これは「腸内有用細菌」を守る為です。

●下痢の種類　これも言わば医療の素人の観察経験でしかないのですが、猫の下痢には次のようなパターンがあるように思います。まず、大別して、さほど心配ない軟便・下痢と、大いに案ずるべき下痢があります。

A：食べ過ぎによる一過性の消化器の負担による軟便・下痢
次の食事から無理をさせない、もしくは、少し時間を大きく開けて消化器を休ませると改善する。それで改善すれば、さほど心配はない。

B：Ｆｏｏｄが変わったことによる、軟便・下痢
猫はしばしば野生時代の本能を強く見せる生き物ですが、野生時代や野良時代の食事状況がそんなに良好だったとは思えないのに、遥かに安全な筈《はず》のＦｏｏｄが変わると何故、下痢や嘔吐があるのでしょうか？ これは、実体験でも痛感していますが、理由はわかりません。いずれにしても一旦前のＦｏｏｄに戻し、少しずつブレンドの割合を替えて、二週間以上掛けて切り替えれば大概は下痢をせず替えることが出来ます。

Ｃ：消化器の疲弊《ひへい》による下痢

季節の変わり目などで、特に消化の悪いものや、劣化したものを食べたのでもないのに、「すとん」と不調になることがあります。おそらく季節の変化に対して「自律神経の調整」が間に合わなかったということなのでしょう。その意味で楽観するならば、少し量を減らしたり、一食抜いたりして回復する場合もあります。が、幼猫や高齢猫の場合、これがきっかけになって、さらに体調を崩す場合がありますので、スープ、ミルク、流動食など胃腸への負担が軽いもので栄養補給を絶やさないというのも名案かも知れません。下痢が二〜三日続いて心配ならば、市販の「止瀉薬《ししゃやく》」を投与しても良いかも知れません。最近のペット用の市販の「止瀉薬」は、従来からの化学製剤「タンニン酸ベルベリン」「次硝酸ビスマス」などの他に、生薬（及び民間薬）の現の証拠《げんのしょうこ》、五倍子《ごばいし》、ロート根エキスなどが配合されています。肝腎なことは、このＡ、Ｂ、Ｃの三種の下痢は、「止瀉薬が効く」ということです。言い換えれば、止瀉薬で効果が得られない場合は、他の下痢を考えねばなりません。他には、「Ｄ：細菌感染症の下痢」「Ｅ：ウィルス感染症の下痢」「Ｆ：寄生虫による下痢」「Ｇ：その他の難治性の下痢（胆汁回収不能など)」などが考えられ、これらの場合、適切な処置を施さない限り「止瀉薬」が効かない(効きにくい)ということがあります。

TRUTH 006 猫の便秘についての疑問

「猫の便秘」につきましては、本章第三項：排便頻度でも述べましたように、人間に便秘が多い、その感覚で考えがちだが、猫の腎臓の弱さを考えると、便秘は、日常的に現れがちな最も危険な症状であり、「様々な病気の根源」であるとさえ言えると思います。

まず、そもそも大腸の働きと便の意味について改めて考えて下さい。小腸で殆《ほとん》どの栄養素を吸収した(出来た)後、大腸では、「水分吸収、電解質関連の取込み」が主な役割です。勿論《もちろん》、このふたつは極めて重要な役割でもあります。が、それがほぼ完了した後は、幾分《いくぶん》の栄養素の吸収(再吸収)はありますが、同時に毒素の吸収もしてしまうのです。一方、便は一説には八〇%以上が主に悪玉菌(及び日和見菌?)の死骸で、幾分の善玉菌の死骸や老廃物だという説さえあります。確かに消化吸収と腸内環境の状態が良い子は便が少なくなります。その便を「如何に早く排出(detox)するか?」は健康維持、病気の予防にどれほど肝腎なことであるかということです。

大腸の働きについてですが、まず、猫が下痢をした時や、比較的緩い軟便の時、何らかの理由で、食事との関係が直ぐわかることがあります。例えば、あってはならないことですが、「ビニールやスチロールを食べた」などの時は、幸いにして（当然か？）そのまま出て来ます。そこで判明しますのは、ほぼ健康な状態では「胃に一〜二時間」「小腸に三〜四時間」で下痢ですと、極めて短時間に大腸を通過してしまいますので、大体五〜六時間で「食べた物が出る」計算になります。

猫の小腸は、人間や犬より遥かに短いですが（肉食に特化しているから、と言われます）、それでもある程度複雑に折れ曲がり畳み込まれています。ところが、大腸は、人間が「コの字形」であるのに対し、猫の場合、言わば「L字形」に近く、より短い上に、流れ易い構造であると考えられるのです。このことからも人間並に便秘をするということは、人間以上に異常な状態であることが理解できます。よって、小腸に於《お》ける栄養素吸収の時間を、「四〜六時間」と多く見積もっても、大腸に於ける時間は、最大でも五時間が限度。それ以上は「百害あって一利無し」と考えることが出来るのではないでしょうか。そうしますと、食後から合算すると「最短で五時間、最長で十二時間」ということになり、一日の排便数は、「最多で五回、最少でも二回」であり得る訳ですから、「一日一回」でも既に「便秘気味」と考えることが出来る筈《はず》なのです。事実、一日一〜二回の健康で元気な子の便は、硬からず柔らかからずの良便です。が、一日一回で、そうそうに「硬め」になり、二日で一回ともなると酸化も進み黒っぽく、かなり硬くなり、粒状になったりします。なので、二日で一回、三日で一回ともなりますと、もはや重大な症状とも言え、それ自体が「毒素を何度も再吸収している」危険な症状であり、諸悪の根源になっているに違いないのです。あくまでも「もしかしたら」の話ですが、飼い主／オーナーさんご自身が便秘気味であるから、猫の便秘の怖さに「無頓着」ということはないでしょうか？

TRUTH 007 猫の脱毛についての疑問

猫は犬と同様、もしくは犬以上に「よく毛が抜ける」生き物であると言われます。これはある程度そうなのだろうと思います。が、やはりここにも疑問があれば、考え落ち、落とし穴があるように思います。

●皮膚病・アレルギーが原因の脱毛　皮膚病は、真菌《しんきん》や常在細菌の繁殖による感染性の皮膚炎、寄生虫による皮膚炎、体の中の異常による皮膚炎が考えられ、感染や寄生の場合、原因生物の直接の害に加えて、猫の免疫反応が暴走する結果のアレルギー反応が加わったり、悪化したりします。その他、蚤《のみ》やダニの寄生による場合、「痒《かゆ》い、違和感、嫌だ、イライラする」といった猫自身の実感も強く、実際しょっちゅう後ろ足で掻《か》きむしり、足が届かない下半身は執拗《しつよう》に舐《な》めたり、毛の束を噛みしだいたりします。掻けば傷も出来ますし、過度のセルフグルーミングは当然「脱毛」というより「抜毛」ですからどんどん減ってしまいます。また、私は、寄生虫由来の脱毛には「腸内寄生虫」の場合も多くあると考えていますが、そういう説明や記述はあまり見かけません。

●内臓疾患が原因の脱毛

腎臓病（慢性腎不全）による脱毛があると言われます。

●全身的疾患が原因の脱毛

「糖尿病」「自己免疫疾患」後述の「ホルモン系疾患」などがよく語られています。「自己免疫疾患」の作用の様子は、寄生虫が原因のアレルギー由来の脱毛に似ていると思われます。ということは、寄生虫が原因で始まった脱毛の陰で、発見が遅れて「糖尿病」「自己免疫疾患」も併発していることもあり得るということです。勿論《もちろん》「アレルギー」と「自己免疫疾患」は、似た表出《ひょうしゅつ》であっても、免疫機能の中での異常は別系統でありましょうが。

●ホルモン関連のトラブルによる脱毛

幾つかの原因が挙げられていますが、「副腎皮質ホルモン亢進《こうしん》症（クッシング症候群）による脱毛」は、左右対称に抜けること、皮膚が滑らかさを失うなど様々な異常が特徴と言われ、「性ホルモン・エストロゲン過剰（雌）による脱毛」は、お尻に見られ、「性ホルモン・テストステロン減少（雄）による脱毛」は、お尻、尾の付け根、脇腹に、虚勢後に見られると言われます。

　ホルモンの異常では、雄雌共になり得る甲状腺関連がよく知られますが、「甲状腺機能亢進症」に於《お》いて脱毛が顕著《けんちょ》であるか否かは専門家の意見が定まっていないように思えます。しかし具体的にホルモン系の異常の原因が「腫瘍《しゅよう》」などである場合、その方が大きな問題ですし、それ以外のホルモン系の異常の場合、ホルモン剤の投与は副作用や全身のバランス機能を侵《おか》しかねませんので、問題は「脱毛改善」というレベルではなくなってしまいます。

●栄養問題による脱毛

　ヴィタミン不足による脱毛は、「ヴィタミンＡ不足」「ヴィタミンＢ群不足」が挙げられますが、ヴィタミンＢ群は、元々猫は大量に必要としますし、過剰分は蓄積されないと言われますので、日常的な補給の意義は大きいと思われます。逆にヴィタミンＡの場合、過剰症の心配が必要です。が、ヴィタミンＡ不足による脱毛以前の「抜け易い状態」が元々あって、ストレスや寄生が加わるということが意外に多いように思います。そもそもヴィタミン・バランスの問題があることで、「皮膚が弱い」「皮脂が過剰に分泌される＝漏れ易い→寄生虫が集まり易い」と「毛が抜け易い」は、矛盾しない状態です。しかもこのヴィタミン・バランスは、劣悪ではないと思われる、そこそこ値がするＦｏｏｄでも起こりえると思います。それは、成分表であたかも充分と思わせるものや量が明記されていても、その質や吸収され易い形かどうか、そもそもの栄養素の原材料が何か？　で、アレルギー反応や、せっかく摂り込んだ栄養素が不純物、有害物質の解毒に盗られてしまう結果のヴィタミン不足やバランス崩壊があるからです。

●ストレスが原因の脱毛

確かにこれは私も経験があります。猫も見事に「円形脱毛症」になりました。しかし、近年の「ストレス社会」では、人間のお医者さんも猫の獣医先生も、原因がよくわからなかったり、その探求をサボりたい時、「ストレスのせい」で片付けてしまう傾向があると思います。勿論、大雑把な飼い主さんも居るでしょうけれど、大事に思って気をつけているご家族に「その神経質がかえって悪いんだ」のようなことを平気でおっしゃるのは如何なものでしょうか?

TRUTH 008

猫のストレスについての疑問

「猫のストレス」については、「確かに重要課題であると思う」とともに、「何でもかんでもストレスのせいは如何なものか?」の思いもあり、疑問も大いにあります。

まず、今日の「精神医学、精神科、心理学、心療内科、カウンセリング、セラピー」の全てに言える傾向として、「いたわる、癒《いや》す、慰《なぐさ》める、甘やかす、許す、同情する、励ます」という「肯定的価値観とその手法」に決定的に偏《かたよ》っているという大問題に、「誰も気づいていない、気づこうとしていない」ことがむしろ問題であり、元凶ではないか？　とさえ考えます。その理由は、まず「ストレスの定義がおかしい（間違っている）」。第二に「生き物の生存原理＝恒常性を無視している」。つまり、根本的に誤った考え方であると言わざるを得ないということです。

そもそもストレスとは、論理的に言えば「内的要因」と「外的要因」があると考えられますが、実際は、「内的要因」も、「外的要因」が内部に作用したり、内部に蓄積されたものが変換して生じるものが多いと思われます。その結果、仮に「殆《ほとん》どが外的要因」であるとして、それには「喜ばしいストレス」と「喜ばしくないストレス」がある筈《はず》です。これらを幼稚な表現で恐縮ですが、仮に「良性ストレス」「悪性ストレス」とさせて頂きます。早い話が「外からの刺激」は、全てストレスであり、ストレスである以上、「善し悪しどちらでもない」ということはあり得ませんから「良性か悪性」ということになるのは明白です。ところが、現在の世の中では、「ストレスと言えば全て悪性」の観念に支配されています。そもそもこれが大間違いの最たるものです。つまり「ストレスの概念が正しく構築されていない」「ストレスを論理的に解釈出来ない人間が多い（多く作り出した作為もあるのでしょうが）」という極めて「荒んだ状況」を殆どの人間自らで作り出しているのです。

●猫にとってのストレスとは？

猫もまた、幾ら人間より真面目で素直な生き物であるとしても、人間に寄り添って生きてくれているせいで、不要な心理を抱いてしまい「ストレス処理」が下手になっている子も少なくありません。逆に「甘え上手」で「可愛らしくて癒される」子の方が、明らかに「弱い」。結果として、ストレス処理が下手でもあり、感染症などにも弱い。「甘え上手だが、弱い」と比べると、ある程度「つれない」方が元気で健康で安心もする訳です。では、猫を「ストレスに強い（良性として享受《きょうじゅ》出来る）」ように育てるにはどうしたら良いか？　それは「叱る時には叱り、ちゃんと言い聞かせる」ことに他なりません。それは、「猫式叱り方」に尽きます。これは、猫のように、その場で、急に怒ったり、叱ったりです。私たちの意識に「ああ、こんなことをしてくれて」のような「被害者意識」が内在していると、気持ちが晴れませんから、それは猫も察知します。「悪いことは悪い」「駄目なことは駄目」と、メリハリがはっきりしている方が、猫の性質には向いている筈です。

TRUTH 009

猫の元気についての疑問

元気とは？　まず「元気」ということが何であるか、ひとことで言えば、「元気」も「健康」も、一般的にはとても「抽象的」であり、「元気」の場合「定義も論理も存在しない」が為に、結局のところ「元気そう」でしかないのです。それもこれも、西洋医学が極めて長い期間陥ったままの「局所対処療法」が作り出した、不理解、誤解という弊害のせいかも知れません。何故ならば、「元気」や「健康」は、「病気」が表面化して初めて動き出すような「局所対処療法」には本来存在しない概念ですから、「元気」「健康」＝「病気ではないこと」などというおかしな説明しか出来ないのです。事実、WHOでさえそのレベルですから「単に病気でないことではなく、社会的な良好な状態をも言う」などと苦し紛れに付け足しています。

東洋医学の「全身予防医学」では、「元気」はむしろ最も基本的なテーマです。日本語の「元気」という言葉は、平安時代では「減気」即《すなわ》ち、「邪気が減衰して行く方向性」を意味し、江戸時代では「験気」即《すなわ》ち、「良気」が亢進《こうしん》して来る方向性を意味し、どちらも「良好」な方向性なのですが、「気」が意味するものは全く逆だった訳です。それが「減・験」の音をいつの間にか「元」と当てるようになった訳ですが、むしろその方が、インド古典医学や中国古典医学に於《お》ける同様の「概念」と近しくなったと言えます。つまり「元の気」＝「正常な気の流れ」＝「滞《とどこお》りがないこと」ということです。なので、「心配事や嫌なことがあったけれど、心と体に悪影響が無いように上手く整理し処理したから、気分は上々」という、今の人々には理解出来ない表現が本来は成り立つ筈《はず》なのです。

TRUTH 010

猫の健康についての疑問

ひとことで言えば、「元気」が心と体の根本的な状態であるのに対し、「健康」は、相対的な状態を俯瞰《ふかん》したものと考えられます。つまり、「元気」という設備が整った上に「健康」という日々時々の営みが乗っかる感じです

奇しくも、東洋医学に於《お》ける心身の基本的な状態を意味する「概念」をよく著わしている文字となった「元気」は、言わば、「工場の設備とラインが正常かつ効率良く作動している、そう出来る状態」を意味するとします。対して「健康」は、「工場」に良質な材料と、理想的な「設計」と「人員」を提供するとともに、出来上がった「製品」を効率良く搬出し、市場に流通させ、かつ潤沢《じゅんたく》な利益を生ませる状態を意味し、そのコントロールは、企画・経理・営業を置く「本社」で司るような感じです。つまり、愛猫の体に外部から持たされるあらゆる物質「空気、水、食物、気、オーラ、念、想い、言葉、気持ち、情感、愛情、電磁波、風、ストレス」などが、猫の体の中で「正常」に、「消化、吸収、代謝、解毒、中和、排出」される為に、あらゆる機能とそれらを繋《つな》ぐ「ライン」が潤沢《じゅんたく》に作動し、滞りを作らないということが「元気」が意味するものと考えられます。具体的には、胃腸などの消化器、それを様々な臓器と繋ぐ血管、神経などの通りが良いということです。

その為には、家族（飼い主／オーナー）の心持ちも、元気で健康でなくてはならず、それによって、愛猫と良いコミュニケーションを作り、良質な食物や水のみならず、念や心や想いなども良好・良質なものを届け、かつ猫からもそれを上手に引き出すことで保たれる全体的な良い状態が「健康」と言うことが出来ます。このことをしっかりと理解認識していれば、逆に、「元気が無い」とか「不健康」な状態になることの「道理」も理解出来、当然未然に防ぐことも可能な訳です。勿論《もちろん》それは理想論でもありますが、やむなくベストを尽くせなかった場合でも、悪化を防ぐことが可能になります。

例えば、「ああ、なんだか最近落ち着きが無いな」と思っていると、だんだん「苛々《いらいら》」につながり、がむしゃらに食べたり食べなかったり、飲水量が減ったりしている間に、排尿排便も減って、そのうち便秘になる。ほどなく、嘔吐や下痢になったりして、鼻気管炎や結膜炎なども出てくる。見えにくいところではリンパ腫や悪性腫瘍《しゅよう》なども始まっているかも知れず、その前に感染症にやられるかも知れません。しかし、そもそも「落ち着きの無い状態」で、季節の変わり目やストレス処理のささやかな失敗による自律神経の微妙な狂いが発端であったり、寄生虫の感染があったりの初期段階で、しかるべき対処をしていれば、哀しいシナリオに沿わずに済むかも知れないのです。うっかり第二段階まで見過ごしてしまった場合は、「飲水、排尿排便」を促す対処を行いつつ、次に想定されることを予防し、同時に、大元の問題に取り組むのです。

CHAPTER 08

「猫と人間」に関する10の疑問

TRUTH 001

古代エジプトの猫の歴史に関する謎

●山猫から猫へ

猫の先祖は、エジプトからリビアに掛けてのサハラ砂漠の北端、北アフリカ中東部に（今日も）棲息《せいそく》している「リビア山猫（Felis lybica）」であり、それが人間と暮らすようになったのは今から四～五千年前のことで、ナイル河口の肥沃《ひよく》な農耕地帯で穀物を鼠から守る為に「準家畜化」されたのが、「飼い猫（Felis Catus）」の始まりである、というのがほぼ定説となっているようです。要するに、本来半砂漠地帯に居た山猫が、何かの拍子に人間の集落に近づいたか、人間が半砂漠で偶然出逢った懐《なつ》っこい山猫を持ち帰ったのか、懐きはしないけれど鼠を狩るに違いないと捕獲して連れ帰ったのか、何らかの方法で人間の集落に置かれた山猫の中で、人間との距離を縮めた山猫の血統が残り続けて行ったという訳です。そこには、「人間に馴れる」「性格が比較的温和である」「小穴の鼠も狩れる比較的小柄である」などの条件も加わったのでしょう。しかし、実際のところ時代は遅れるかもしれませんが、ヨーロッパにもアジアにも山猫は居た可能性がある訳で、全てが「リビア山猫が猫化したエジプト猫」に発しているかどうかは、納得出来る説明はなされていません。また、どの研究者も文献も、学者さんお得意の「客観的事実」の解明にこだわるが故に、「人間と猫の心」については後回しな感じがします。そして、この「心」の問題は、それぞれの時代の人間の「生き方や精神性」に根ざしていることは言うまでもありません。言い換えれば、「人間と猫の関係」は、必ずしも「穀物を鼠から守る為」だけではなかった可能性もあろうということです。日本でも、農耕が発達する以前の縄文時代の遺跡から猫の骨が発掘されたという事実もあるようです。ヨーロッパでは、犬は猫よりも千数百年～数千年も前に家畜化されています。しかし、そんな時代でも、人に懐いた欧州山猫と、猫好きな「変わり者の人間」との触れ合いや共同生活もあったかも知れないのです。事実、冒頭に書きました「リビア山猫→飼い猫（四～五千年前）」の定説を揺るがす発見が九千五百年も前のキプロス島の遺跡でありました。猫が人間と共に埋葬されていたというものです。おそらくその人は、現時点では「世界最古の愛猫家」なのでしょう。「どの墓でも」ということではなさそうなので、何らかの信仰や習慣、生け贄の類いではなかったのでしょう。ならばその墓の主は、よほどの変わり者だったのかも知れませんが、遺族が共に弔《とむら》ったということは、その変わり者のみならず、当時の人々にとって、猫（山猫？）は、かなり親近感のある生き物だったということです。ただ、その後のエジプトに於《お》ける「飼い猫」の存在感は、半端じゃありません。何しろある遺跡からは、三十万体もの猫のミイラが発掘されたとさえ言われるのですから。

●エジプトに於《お》ける猫の存在

古代エジプトでは、「Bastet／バステト（猫の頭をもつ女神）」「Sekhmet／セクメト（獰猛《どうもう》な牝《めす》ライオンの神）」そして「Sphinx／スフィンクス（ライオンと人間の半獣半人の守護神）」などの猫／猫科の生き物が神格化した存在がよく知られています。

　バステトとセクメトは、いずれも「太陽神ラー」の娘であるという説（解釈）もあり、いずれにしても人間を滅ぼす神として恐れられていたとされます。ところが、エジプト新王朝の頃になると、バステトは、母性の象徴であったり、音楽の女神でもあったりに変容し、やがては「毒蛇をやっつける」とされ家族・子供を守ってくれる存在に至ります。スフィンクスも同様で、元来の「化け物、怪物」的な性格が、後世では守護神的になり、古代ギリシアでは、愛らしい妖精のようでもあります。

　私は前々から、エジプト新王朝とそれ以前とでは、神々の性格のみならず様々なことに関して、「人間の種が違ったのでは？」とさえ思えるほどの大きな隔たりを感じています。ひとことで言うと、以前の人間には「悟性《ごせい》」があったのに、以後の人間にはそれが希薄で、代わりに極めて人間本意の精神性や解釈が目立つ、ということです。ここで言う「悟性」は、神、宇宙、地球、そしてその他の生き物を強く感じる力のことであって、近代に為政者《いせいしゃ》子飼いの哲学者が歪《ゆが》めた「それ」ではありません。つまり、「悟性豊かな人間」にとって、本来のバステト、セクメト、スフィンクスの性質は、「反人間的、反社会的（人間にとって脅威であり不利益な存在）」であるなどという幼稚な次元を超えた、逃げることも避けることも出来ない強大な存在として畏怖《いふ》の念を抱き信仰する対象であった、ということです。しかし、後の人間、ましてや今日の「悟性を捨てた」人間は、その思い上がりと利己が自覚出来なくなっていますから、「脅威でしかない存在」に対して信仰心を抱くなどという感覚は理解出来ないのでしょう。

逆に言えば、より昔のエジプトやメソポタミアでは、「悟性」豊かな人間にとって、畏怖の念は、ただただ恐れるだけなく、人間が思い上がらない為の大いなる歯止め、戒《いまし》めの象徴でもあり、人間社会や人間の意識を超越した次元で、世界、地球、宇宙を司る力の一端として、憧憬《どうけい》の念さえ含む、信仰心を抱いていたのだろうということです。

●身近な存在としての猫

ところが、そんな時代の人間は、奇妙な矛盾をも見せています。それは、前述の「猫のミイラ」を共に埋葬することです。猫たちの親玉には畏怖の念を抱きながらも、足下にすり寄って来る小さな実在の猫には、ある程度の「上から目線」で、愛おしさをも感じていたのでしょうか。いずれにしても「畏怖が核にある敬虔《けいけん》な念」と「愛玩的な愛おしさ」という二重性を持った様子が、古代エジプトでは「猫のミイラ」の他にも「猫の墓」が多く作られていたこと（専用墓地が数十も在ったとも）でも見て取れます。

ところが、ここに面白い説があります。新王朝以前のエジプトでは個々の猫には名前が無く、全ての人間が全ての猫を「猫」と呼んでいたらしい、ということです。ここにもその時代の人間にとって、猫は、愛玩動物として私有し切れない何らかの感覚を想像することが出来ます。つまり実在の猫は、日本人にとっての「神社のお札」「仏壇の仏像」、ロシア正教教徒にとっての「イコン」、ヒンドゥー教徒にとっての「神々のポスター」と同様に、各家庭で、側に置かれた「神」なのです。それらは極めて個人的で、あたかも所有物、財産のようですが、各家庭で勝手に名前をつけることはありません。だから、どの家庭でも「猫」と呼ばれていたのに違いないのです。

それが、紀元前十五世紀頃になると、ある人物の墓の隣に、「Najem」と名前が刻まれた猫の墓が現れるのです。恐怖の猫女神が、優しい女神に変わって久しく、その頃には身近な小さな生き物としての猫も、すっかり「飼い猫、家猫」「所有物感覚」になっていたのでしょう。勿論《もちろん》、自然に愛着が増したということや、心や言葉が通じた結果などもありましょうが。

TRUTH 002 ヨーロッパの猫の歴史に関する謎

欧州に於《お》ける猫と人間の歴史は、前項で述べました今から九千五百年も前に、キプロスで人間と共に埋葬されていたのが最古であろうとのことです。つまり、まだ欧州人の殆《ほとん》どが狩猟で生活していた時代、その意味では何の役にも立たない猫に、何らかの情愛を持って寄り添っていたということです。しかし、私はここにも、エジプト旧王朝まではあったのかも知れない「悟性」を感じます。キプロスもまたエジプトの「悟性的な文化圏」の発端であったのかも知れません。当時の人間は、猫を「神と人間の間に居る存在」と感じていた可能性すらあり、少なくとも「神（地球、宇宙と森羅万象《しんらばんしょう》）」を感じることを学ぶ（感じ取る）良き先輩か師匠と思っていたと考えるのです。

しかし、欧州で農耕が盛んになるまで主流だった狩猟では、猫は何の役にも立たなかったのでしょう。猫が広く「家畜」として飼われるようになる遥か以前に、犬は、狩猟の良き相棒として活躍していました。そのような社会に於いて「愛猫家」は、家に犬が居ない、もしくは屋内には入れない、またはそもそも狩猟をしない、狩りの道具を作る職人、舟大工、漁師、占い師、墓堀人夫などだったのかも知れません。

●欧州での猫の活躍

ファラオの命で、厳しく門外不出を守られていた古代エジプトの猫たちは、今から二千年ほど前から地中海全域を交易《こうえき》したフェニキア人がこっそり盗み出し、各地で高値で売っていたと言います。何頭かは、オリエントからシルクロードを旅したかも知れませんが、流石《さすが》に陸路の伝播《でんぱ》には年月が相当掛かったに違いありません。それでも七世紀の唐代には日本にも「唐猫」が伝わっていますから、その「唐猫」が全て中国原産ではないのならば、遠くオリエントから数百年掛けて渡って来たのかも知れません。

欧州で猫の存在が爆発的に増加し人間の生活に欠かせない存在になるのは、十四世紀に初めの大流行が起こる「ペスト」のせいと言われています。東ローマでは、既に六世紀に流行が見られ、いずれもアジア方面からの伝染と言われます。交易品《こうえき》に鼠が混入していたのでしょうが、猫を伴うべきという教えは無かったのでしょうか？　その後、猫は「人間にとっては欠くことの出来ない存在」として世界中に広まったようです。十五世紀に欧州各地で麦類からウィスキーが製造されるようになると、材料を鼠害《そがい》から守る為に猫が重宝な存在となりました。英国ではWhisky-Cat, Distillery-Cat（蒸留所猫）、Distillery-Mauser（蒸留所鼠取り）の名で今日も続く猫のれっきとした商業なのです。同じ頃の「大航海時代」には、湿った暗い船倉で揺られながら、アフリカ、アジアまで連れて行かれたのです。それは近現代まで続き、殺鼠剤が発達した今日でも逆に薬品を避ける場合、猫に頼るしかないのかも知れません。有名なTitanic（タイタニック）号の沈没事故では、その前に姉妹船Olympic（オリンピック）の衝突事故で生き残ったにも拘《かかわ》らず、「Jenny」という猫が行方不明になっています。逆に、第二次世界大戦では、元々ドイツ生まれの雄猫「Oscar」は、乗っていた軍艦が次々に撃沈されながらも救助され生き延びた「強運の持ち主」として有名です。また、同じ時代「アンネの日記」のアンネ・フランクは、「Bossh」と「Tomy」という独風と英風の名前の二頭の猫に地下生活の苦難を慰《なぐさ》められていたと言われます。船倉や地下室には、当たり前のように猫が居たのでしょう。また、欧州の殆《ほとん》どの教会では、その食糧のみならず、貴重な書物を鼠から守る為に猫は必須の番人だったと言われます。また、何を守る為の「鼠取り」のかわかりませんが、有名な劇場の主のような猫の存在も多く語られています。

ところが、欧州では十五世紀に、そして当時新興国だったアメリカでは十六世紀に、「魔女狩り」的に猫を虐待する狂気の流行も見られるのです。勿論《もちろん》、何時の時代でも「愛猫家」が居るとともに、猫に対する得も言われぬ恐怖心や嫌悪感、敵愾心《てきがいしん》を抱く人が居ます。また、古今東西「どちらでもない」という人間は、常に圧倒的多数派です。何時の時代、何処の国でも戦争が無くならない様子と同様に、「どちらでもない」人々が「猫虐待」に靡《なび》けば、簡単に狂気の流行が始まるのでしょう。

大雑把に言ってしまうと、民族的には、スペイン人とロシア人には猫好きが多く（バスク人は違うかも知れませんが）、理論的なイメージのドイツ人や保守的なイメージのイギリス人には少ないような印象があります。フランス人も、その国民性から言えば「いかにも猫的」なのですが、「似て異なる」は、当人同士にとっては大きな距離感があるのでしょうか？

勿論、古今東西で、犬派の方が社会的で圧倒的多数であることは必然的であり、猫派や極端な愛猫家は「変わり者」であることもある意味普遍的です（※）。しかし、それでもスペインでは、その商標（ロゴマークなど）に猫を多く見かけ、犬は殆ど見られず。インターネットの猫動画を一番多く投稿しているのはロシア人ではないか？　と思いますから、ある程度の国民性はあるのではないかと思います。

（※）ごく最近、「世界的に犬飼育数を猫飼育数が抜いた」と報じられましたが、それは「高齢化（犬を散歩に連れ出すのが厳しい）」などの理由が上げられ、犬猫の違いが問われていない面も垣間みられます。が、「猫は放って置いても良い」などの理由で、猫以上に人間が気ままにかまっては癒されるのが好まれているのだとしたら、昨今の世界的な「猫ブーム」は、色々な意味で「社会性の崩壊」を暗示しているのかも知れません。

TRUTH 003

アジアの猫の歴史に関する謎

アジアと大きく括《くく》りましたが、実際は、ペルシア・アラブ・トルコなどの「オリエント文化圏」と、インド・東南アジアなどの「仏教・ヒンドゥー文化圏」また、中国、朝鮮半島、日本などの「東アジア文化圏」、そしてそれらを繋《つな》ぐ「シルクロード文化圏」やその北側の「北アジア文化圏」では、互いに深く関わりながらも、その個性はかなり異なりがあることは言うまでもありません。しかし、基本的に温帯～亜熱帯が生息域である猫にとって、北アジア（及び多くのシルクロード）は、そもそも棲《す》みにくい地域でありますから、オリエント、インド東南アジア、東アジアの三大地域が猫が主に住む地域となる訳です。そして、この三大地域では、猫が犬を圧倒しているのは、ほぼ間違いのない事実のようです。勿論《もちろん》、インドシナ半島、中国、朝鮮半島の一部（？）では、犬猫を食材とする文化もあるようですが、それらの地域でも、基本的には「穀物や蚕《かいこ》を鼠から守る」という頼もしい存在としての文化と、西域から伝わった上流階級の嗜好的な意味合いなどもあり、アジア全体を俯瞰《ふかん》しますと、やはり犬より猫が優遇されていると言って良いのでは、と思います。

●イスラム圏は紛れも無く猫派

中でも、オリエント圏もしくはイスラム文化圏は、紛れも無く「猫派地域」と言って良い筈《はず》です。これらの地域は、アジアを越え北アフリカから、ある意味でスペイン（イベリア半島）にまで及び、中世から近代までインド及びマレーシア・インドネシア、シルクロードのほぼ全域がイスラム文化圏でしたし、唐代の中国はその文化を大いに吸収しました。したがって、アジアの半分以上が「猫派地域」である、と言うことさえ出来るのかも知れません。この根本的な理由に、古代エジプトに於《お》ける「猫の存在」が大きいことは言うまでもありません。これは本章第一項で述べました、旧王朝期までの人間の精神性と感性の基本に「悟性《ごせい》」があったからであろうと思われます。その後、「悟性」は急速に失われて行くのですが、同時に、猫に対する「畏怖《いふ》と憧憬《しょうけい》、敬慕《けいぼ》の想い」は薄れても、「親近感、愛おしさ」は残っていたに違いありません。そこに、彼《か》の予言者ムハンマッドが無類の愛猫家であったことが加われば、言わばイスラム圏での猫の立場は不動のものになる訳です。対する犬は、むしろ逆に「不吉、不潔」とされ、かなり冷遇されているのが基本のようです。アラブ人も古くから狩りをしましたが、その供はもっぱら「鷲／鷹」だったのでしょう。犬と猫に対する感覚は、ヨーロッパとは大きく違うのがイスラム文化圏なのです。また、真偽のほどは、何年も気にかけながら一向に確かめられないのですが、アメリカのレコード会社「His Master Voice」がイランに入った時、「白い犬のロゴ」が猛反発を浴びて「猫に描き換えられた」という話を聞きました。

　日本では高度成長期中頃から「野良犬」を見なくなりましたが、インドではまだまだ多く、「猫道」を歩く猫と違い、犬は人間の道を歩きますので、頻繁に商店主などに追い立てられ、酷い時には通行人が犬の腹を蹴飛ばして退かしている姿を何度か見ました。インドでは野良猫も少なくありません。また、古代インドでは、むしろ猫は不浄視されており、故にインドで書かれた「釈迦涅槃図《しゃかねはんず》」に猫は描かれていないのだ、という説があります。これは「十二支に猫が無い話」とも繫がります。ところが、もっぱらの説がいずれも「鼠の陰謀」だと言われます。

TRUTH 004

猫と人間、その自発性

「世界の愛猫家の著名人」については、インターネットで専門的に語っているサイトもあれば、「ARTIST and their CATS／邦訳：アーティストが愛した猫（アリソン・ナスタシ／Chronicle Book　邦版：エクスナレッジ刊）」という愛猫家さんの間ではけっこう有名な書籍もありますので、既にたくさんの著名人有名人の愛猫ぶりが語られていると思います。勿論《もちろん》、その中には、犬も好き、動物は皆好き、という人も居るのですが。本項では、猫に集中した著名人を基本にしつつ、「愛猫家」ということとは別な側面、すなわち、その人物の性質、性格、および社会に於《お》けるユニークな存在や才能、または、心の世界について紐解《ひもと》きたいと思います。

まず、人間という動物は、犬や猿、鹿やシマウマのような草食動物と同様に「群棲《ぐんせい》」の動物です。従って、群棲が作り出した人間の基本心理を総括・極論すれば、「はみ出したくないけれど、埋没したくない」であると言えます。これは、いずれも「消滅に対する恐怖」な訳です。

例えば、多くの人間が集まった場所で、何かの事件・事故が起こった時、群衆は半ばパニックになって一定方向に逃げようとします。「はみ出したくないけれど、埋没したくない」という矛盾した心理は、「置いて行かれたくない、取り残されたくない」であるとともに、「群衆に踏みつけられたり将棋倒しの下敷きになって圧死したくない」ということであり、「生き延びたいという基本心理」に於いては、矛盾しないのです。この「ひとつの目的・衝動」にとっては、物事の「真理、真偽、善悪」つまり「社会の倫理や常識」は、全く無意味なのです。群衆が右の方向に突進するならば、それが「正解」であり、逆は「誤り」以外の何ものでもないのです。そこには「自発的な思考」や「個性、独自な感性」は全く不要であり、微塵の欠片さえも邪魔なものなのです。

●猫がパニックになると？

ところが、不思議なことに、猫はそのような行動は取らないのです。例えば、当然、「どすん！ドカン！」と凄い音がした時など、猫溜まりを作って昼寝をしていた数匹は、言わばパニックのように飛び起きて、「四方八方」散り散りに逃げます。その判断力たるや驚異的で、コンマ何秒、否、一秒の百分の一単位の瞬時に、各自で逃げ込む場所を見つけ出し、突進します。その時の猫もまた「生き延びる」という「目的・衝動」のみで「本能的、衝動的」に動いています。

しかし、そのような時、猫は「大勢の動き」や「他者の動き」を全く気にしてもいなければ、見ても感じてもいないのです。なので、五頭が散り散りになっても、格好の避難場所が四つしか無かった場合、二頭が同じ本棚の下の隙間や、棚上に飛び込むこともあります。言い換えれば、群棲の人間や犬、鼠などは、一瞬「大勢の動きとその方向」を察知するというロスタイムを作っているのでしょう。そして、限られたルートに全員が襲いかかりますから、ぎゅうぎゅう詰めになって、身動き取れず、実際「逃げる」という行為としては、極めて不合理かつ膨大なロスタイムを作ることになります。このことから、猫の「単独生性」が如何に効率良く「生き延びること」の目的を果たせるかがよくわかります。そして、そのような瞬間でさえも、猫はその持てる五感を驚異的な早さで駆使し、判断しているのです。その早さは言わば「自動的（Automatic）」とさえ言えるものであるとともに、その行動は、完璧に「自発的（Autonomous）」なのです。

TRUTH 005 猫と人間（学習障害）

群棲の生き物でも、何らかの理由で「散り散りが良い」と本能にインプットされている場合があります。例えば「蜘蛛の子を散らす」という言葉があるように、蜘蛛（成虫以後は群棲ではありませんが）の幼虫は、母親の作った網の上の巣袋の中で群れて居ますが、衝撃を与えると、四方八方に散り散りに逃げます。それは「まとまって逃げると全員で滅びるから駄目だ、散り散りになれ」という「種の存続」の大命題が下した本能的指令に基づくものなのでしょう。しかし、猫の場合、行き先まで瞬時に判断しているのです。蜘蛛の子のようにとにかく「散ることで敵が的を絞れないようにしよう」ではないのです。この猫の最大かつ最も特徴的な性質は、「単独棲（単独性）」が生み出したものであるとともに「単独棲（単独性）」に不可欠のものであると言えます。そして、この性質のせいで猫は、「団体行動」が取れないのです。勿論《もちろん》、何か興味を引く物やご飯の鍋などに対して全員が集中することはありますが、多数が同じ行動を取ったのは、あくまでも結果論であり、単独行動がたまたま同一であったに過ぎません。言い換えれば、もし複数の猫が「同一行動」を取った場合、誰一頭として「日和見《ひよりみ》行動」ではなく、明確な自己判断で選択したことになります。その代わり「役割分担」はしないかも知れません（※）。そして、この猫の「自動的（Automatic）」「自発的（Autonomous）」と同様の感覚を持つ人間が、比率としては希少ですが、確かに存在するのです。そして、そのような人間は「猫好き」の確率が高いようなのです。そのような「人間」を、仮に「非群棲的な性質を持った人間（猫的な人間）」と致します。

（※）ライオンはネコ科ですが、雌（複数があり得る）と複数の子（しばしばこれに雄一頭）が群れで行動し、共同で狩りをしますが、ネコ科としては例外的です。

●非群棲的な行動パターンとは

「非群棲的な性質を持った人間」を検証する前に、「猫が人間だったら？」と考えてみましょう。子猫は、皆学校に行き、成猫は、皆会社に行くとします。雌も子離れが早いのですから産休も半年～八ヶ月位で職場に戻ります。ある程度擬人化して考えて、人間の言葉は話せるし、電車にもエレベーターにも乗れるとしましょう。そして、決められた席に着いて、授業か仕事が始まるのです。が、教室に蠅《はえ》一匹紛れ込めば、大半がそれを追い駈けて大騒ぎ。残る半数は、ぼーっと窓の外を眺めているか、我関せずと昼寝をしている。隣の席の女の子のお尻を臭いを嗅いでいる奴もいる。誰も教師の言っていることなど聞いちゃいない。会社では、それがそのままの姿で繰り広げられている。会議をしてもまとまらない。「多数決」などという概念など無い。そもそも多数同意することが滅多にない。電話の問い合わせに応じる者は、マニュアルがあってもその存在すら忘れて、自分の考えや意見を言う。上司にたてつくこともしょっちゅう。そもそも目上だとさえ思っていない。「昼飯が喰えるから来たんだ」のような連中ばかり。人の席に物は置くは、道具は勝手に使うは、そのくせ、他者がテリトリーに侵入すると怒り出す。そもそも「フレックスタイム制」であろうとなかろうと、それしかない。勝手に出勤して勝手にノルマを考え遂行し退勤する。

成猫は、明らかに「性格破綻者」であり、常識もルールも通じない。子猫は明らかに「学習障害児（Learning Disability／LD）」であり、蠅を追いかけていた子たちは「注意欠陥・多動性障害（Atention Deficit Hyperactivily Disorder／ADHD）」の烙印を押されるでしょう。

しかし、実は子猫たちは、教師の言うことを聞いていない訳ではないのです。蠅を追いかけながら、居眠りをしながら、ぼーっと窓の外を眺めながら、もし教師が「聞き捨てならないこと」でも言おうものならば、突然全員が喰って掛かるに違いないのです。例えば、こんなことです。教師が「1＋1は、ふたつのものが合わさって（量が倍になって）2になったということです」などと言おうものなら、突然、全員が挙手をして「先生、それは違うと思います！」「ふたつがひとつに合わさったならば、それはひとつ、です！」と。

ここで肝腎なのは、教師は猫でなく、人間かそれに近い常識とか観念というものを持っている者であること。そして、教師は、自分の説明不足、つまり、「量の概念」をわからせていなかった過ちに気づいていない、ということです。しかし、この例でわかるように、確かに「多動性障害（Hyperactivily Disorder／HD）」はあるかもしれないけれど、授業を聴いていない「注意欠陥（Atention Deficit／ADD）」ではない、ということです。

一方、親猫たちは、勝手気ままに自分の仕事を決めて勝手にフレックスで退勤するけれど、全員が一から十までの仕事をするので、確かに合理的ではないけれど、仕事が出来ない訳ではない。そこには「イエスマン」も居なければ、「マニュアル人間」のような者も居ない。誰かの決断で、全員で間違った方向に行ってしまう「企業ぐるみの悪事」も無ければ、「ファシズムが戦争に突入する」ようなこともない。全員が、全部の仕事を理解しているので、何より「潰しが利く」、ある意味最強のメンバーなのですが。「チーム」ではない。

猫社会が存在したとして、まず「会社」は無理でしょうから、全員が自分のテリトリーで、「職人的」「家内制手工業的」に仕事をこなしてゆくしかないかも知れませんが、その能力は決して低くないことでしょう。

●そんな猫のような人間が存在する

もうお気づきの方、思い当たった方もいらっしゃるでしょうが、そんな猫のような人間の子供や大人がしばしば存在します。事実「注意欠陥」の子も居るかも知れませんが、そうでない子も一緒にくくられてしまっているかも知れません。いずれも確かに、人間社会の常識では「学習障害」なのでしょうけれど、何かの才能にずば抜けて優れている場合が少なくない。何より、その「自発性」と「集中力」は、同様な特徴が性質にない人間が身につけようとしても到底無理なレベルに、自らで向上し到達してしまうところは、しばしば「天才」呼ばわりされることがあります。それがさらに、何らかの手助けで活性化すると、それは無限か？　と思わせるほど向上し、遂にはノーベル賞までも手にしてしまった実例も数多くあります。実は「ふたつが合わさったならひとつだ！」と喰って掛かったは、エジソン幼少期の有名な話です。

TRUTH 006 猫的な人間に見られるその他の障害

「猫的な人間」は、少年期には「LD（学習障害）」とされ、成人した後は、「人格障害」、良くて「変わり者」「変人」と呼ばれるかも知れませんが、その非凡な集中力と自発性によって見せる、しばしば驚異的な探究心や向上心。否、「向上させたい」と思って始め、持続するのではなく、やはり「飽くなき探究心」の結果の「向上」でしょうけれど。そのような能力を活かして、人間の歴史に名を刻んだ人が少なくないのです。まず間違いなく、そのような人は、何か事件が起こり人々がパニックになった時も、大勢や群衆が進む一方方向に猛進することはないでしょう。その瞬間、猫同様の持ち前の自発性で、感じ、考え、独自な行動をとるに違いありません。勿論《もちろん》、個体で程度の差はありましょうが。

●その他の障害

また、「猫的な人間」は、群衆のパニック時でさえある種の冷静さを保っているだけあって、日常も常人とは異なる視座・視点で物事を見ていることが多い筈《はず》です。その結果、常人が気づかないことに気づいたりするのです。これは「集中力と探究心」とは別な才能です。「注意欠陥障害」の場合もありますが、誤解されることも多いと思われます。

不思議なことに、欧米の著名な芸術家、文豪、ノーベル賞受賞者、政治家には「猫的な人間」が少なくなく、さらにその中で左利きの割合が一般の比率より多いのです。勿論、右に矯正した人も居るかも知れません。また、両利きの人も少なくないに違いなく、利き手としては右でも、右脳左脳を自在に活用出来るとか、右脳指向が強いなどで才能を伸ばしたと言われる著名人も少なくありませんので、それら総数は、かなりの割合になる筈です。しかし、一般的な社会性に於《お》いてその性質は、普遍的に「異端」であった筈で、幼児幼少期や青年期でさえも、少なからずの苦労、辛酸を味わった可能性は高いと思われます。つまり、「左利き（左利き的）」及びその感性や性質は、一般社会に於いては、自他共に認める（痛感する）「障害」であった訳です。

それでもアメリカには、第四十四代大統領バラク・オバマ（1961生）氏のみならず、何人かの「左利きの歴代大統領」が居ます。実際一九三〇年代以降、今日までの米大統領十四名のうち半数近い六名が左利きですが、イギリスでは同時代にたったの二名。日本ではおそらく（明治以降から振り返っても）皆無です。欧州出身でも渡米した以後ノーベル賞を受賞した人が少なくないのは、封建的、保守的な風土では「才能を伸ばしにくい」ということがあるのでしょう。

ところが逆に、欧米の「猫的な人間の天才」の中には、幼少時代「読み書き」で苦労した人が少なくないのです。医学的には、「識字障害（Dyslexia）」と言われますが、学術的には非常に複雑な話になりますので大雑把に言ってしまうと、例えば、フランス語や英語は、書かれている文字と発音が大分異なります。生粋のフランス人やイギリス人であるのに「猫的な人間」はこれに苦労するようなのです。にも拘《かかわ》らず、青年になって以降、むしろ文筆家、詩人になったという人も少なくないのですから、彼らの集中力と探求心の凄さには驚かされます。

●「猫的特性」を持ちながら生きること

「猫的な人間」たちにとって「障害」は、あくまでも「圧倒的多数が作り出した社会制度」という「物差し」に計られた時に思い知らされるものとも言えます。よって、実は彼ら自身、端《はた》から見るほど「障害に苦しむ、苦労している」のではない場合が少なくありません。ところがその一方で、「物差し」があろうと無かろうと、彼ら自らの性質の傾向が、彼ら自身を苦しめるという皮肉な「障害」も多く見られます。

常人の深層心理には、「何らかの事故の時に、大勢・群衆は一方方向に進む」という行動が取れる為には、日常的に「物事の白黒、善悪、真偽は問わないでおくべき（曖昧《あいまい》の原則）」という共通の不文律《ふぶんりつ》が存在するに違いありません。ところが「猫的な人間」には、それが無いのです。彼らの思考と心にあるのは、あくまでも「純粋な探究心」と、「自発的な生きる戦い」のみなのです。ただ、それらは明確に線引きもなされておらず、人によっては整理整頓もされていません。その結果、それが悪く出れば「自己中心的」「自発的思考でしか考えようとしない」「他者の感覚や考えを認めない、理解出来ない、独善的だ」という形に至ってしまうのです。勿論、この傾向の度合いには、かなりの個人差があります。また、希《まれ》ではあっても、そのような自己の特質を論理的に理解し自律・自制出来る人も少なくありません。しかし多くの場合、特に幼少期や青年期にはそのような解決策など思いつかず、人知れず悩み苦しむのです。また、青年を過ぎてからもその整理整頓の術を知らぬまま、心を痛め、遂には心の病に陥った人も多く存在します。天才的な業績で社会に讃えられ、ノーベル賞を受賞した後でさえ、心を病み、敢《あ》え無い自死に至った例は少なくありません。つまり、そんな彼らが、常人が多数決、大勢で動かして行く社会に於いてかろうじて生き続けらるのは、必ずしも「社会に認められた」ことではないのです。彼らの多くに共通しているのが、「支えてくれるマネージャー、プロデューサーの存在を幸運にも得ることが出来た場合」です。例えば、アメリカの発明家トーマス・エジソン（1847生）などの場合、子供向けの伝記にさえ描かれていますが、青年期までは母親がその良き理解者でした。この「母親の存在」もしくは、「母親的な存在」は、彼らの多くに善くも悪くも大きな影響を与えているのもひとつの特徴のようです。

TRUTH 007

著名人と猫に関する意外な話（自閉系）

●恋多き「猫的な天才、著名人」の寂しい晩年

「猫的な人間の天才や著名人」の多くにとって、「母親の存在」というのは、常人と比較して遥かに大きく深い意味を持っていると思われます。そのことの検証の前に、猫の「左利き」について振り返ってみますと、なんと猫の場合、雄の多くが左利きで、雌の多くが右利きと、性別で偏《かたよ》るというのです。そもそも、人間や猫に限らず、その他の動物でも「左利きは雄に多い」という傾向はあるようなのですが、猫の場合、圧倒的な率だという研究報告があると言われます。このことで何がわかるのか？　それは、「多くの左利きの猫にとって母親は異性である」ということです。

猫の場合、親離れ乳離れは、遅くとも半年で完了します。そして、左利きの雄たちは、早々に雌に色気を出すのです。ところが、「猫的な人間」にも多い「雄で左利き」の人は、社会性の成熟が遅い中で、幾分《いくぶん》複雑な心理、精神の発達を遂げる可能性があります。いわゆる「マザコン」も大いにあり得る訳です。そうでない場合もそうである場合も含め、持ち前の純粋さが原動力になると、女性に対する想いは、常人より遥かに純粋だけれど、強烈であることが充分想像出来る訳なのです。

結果論から言うと、「猫的な人間の天才、もしくは著名人」の多くが、熱烈かつ大胆な恋愛物語を展開する割には切り替えも早い「恋多き人生」であり、端《はた》から見れば、単なる「女好き」なのですが、当人にしてみれば「理想の女性像」を追い求めては大きく傷つく波瀾万丈の人生なのです。そして、人生の黄昏時には、孤独を愛するかのように独り寂しく暮らした人が多いのです。しかも、「母親かそれに代わるマネージャー」を得られなかった場合、才能を搾り取られるだけで終わったり、技術を盗まれたりで、厳しい貧困の老後、末路を味わった人も少なくないのです。この姿は、まるで「人間の言葉を話せるようになった、雄猫の姿そのもの」です。そして、そのような寂しい晩年を過ごす「猫的な天才や著名人」の殆《ほとん》どで、猫たちが寄り添う姿が見られたのです。勿論《もちろん》、中には晩年も裕福に暮らしたり、賑やかな人間の家族に囲まれた恵まれた人も居たことでしょう。しかし、その人の心の中までは、外見の豊かさでは計り知れません。贅沢や華々しさは無用で「心休まるささやかな場所」されあれば良いという「猫」に似た性格の人間であれば、尚更ではないでしょうか？

●猫的な天才、著名人（括弧内は生年）

まず、猫好きな天才、著名人の名を挙げますと、学者、発明家、哲学者では、予言者として知られますが、医者、詩人でもあったノストラダムス（仏／1503）、ニュートン（英、物理学者／1642）、ファーブル（仏、博物学者／1823）、ニーチェ（独、哲学者／1844）、ニコラ・テスラ（クロアチア、発明家／1856）、南方熊楠（日、博物学者／1867）、アインシュタイン（独、物理学者／1879）、シュヴァイツァー（独、医師、神学・哲学者、音楽家／1875）、寺田寅彦（日、物理学者／1878）、という錚々《そうそう》たる偉人が挙げられます。

次に、貴族、王族、政治家、社会運動家、社会福祉に貢献した人では、エリザベス一世（英、1533）、トーマス・ジェファーソン（米、第三代大統領／1743）、マリー・アントワネット（仏／1755）、ヴィクトリア英国女王（英／1819）、ナイチンゲール（英、看護婦、起業家／1820）、リンカーン（米、第十六代大統領／1861）、レーニン（露、政治家／1870）、セオドア・ルーズベルト（米、第二十六代大統領／1858）、チャーチル（英、首相／1874）、ジェラルド・フォード（米、第三十八代大統領／1913）、ジョージ・ブッシュ（米、第四十一代大統領／1924）、アンネの日記のアンネ・フランク（独／1929）、ビル・クリントン（米、第四十二代大統領／1946）と、これもなかなかの人々ばかり。さらに、作家では、エドガー・アラン・ポー（米／1809）、チャールズ・ディケンズ（英／1812）、マーク・トウェイン（米／1835）、H・G・ウェルズ（英／1866）、夏目漱石（日／1867）、カール・ヴァン・ヴェクテン（米／1880）、レイモンド・チャンドラー（米／1888）、谷崎潤一郎（日／1886）、ヘミングウェイ（米／1899）、三島由紀夫（日／1925）、詩人では、画家、映画監督でもあったジャン・コクトー（仏／1889）が愛猫家としてよく知られています。

作曲家、演奏家では、モーツァルト（墺／1756）、ボロディン（露／1833）、ドビュッシー（仏／1862）、エリック・サティ（仏／1866）、ラヴェル（仏／1875）、ジョン・ケージ（米／1912）、ジョン・レノン（英／1940）、ブライアン・イーノ（英／1948）、アンドリュー・ロイド・ウェバー（英、〝オペラ座の怪人〟〝Cats〟で知られる／1948）。

画家、美術家では、ダ・ヴィンチ（伊／1452）、歌川国芳（日／1797）、クリムト（墺／

1862)、アンリ・マティス(仏/1869)、パウル・クレー(瑞/1879)、ピカソ(西/1881)、朝倉文夫(日/1883)、藤田嗣治(日/1886)、アルベルト・ジャコメッティ(瑞、著名な彫刻家ディエゴの弟で、自身も創作/1901)、ダリ(西/1904)、バルテュス(仏/1908)、アンディー・ウォーホル(米/1928)、アイ・ウェイウェイ(中/1957)。意外に少ないのが、演劇人と冒険家、アスリートでは、チャーリー・チャップリン(英、喜劇俳優/1889)、リンドバーグ(米、飛行家/1902)。いずれも人類に多大な貢献を果たした超有名人であるだけでなく、存命時代のみならず、その後の世界の人々に「人間性、慈愛、行動と勇気、品格、誇り、命がけの創作」などの、大きな手本を示したようなヒューマニストが名を連ねているとは思いませんでしょうか?

勿論《もちろん》この他にも、書籍やネットに挙げられている、ここで挙げた人よりは日本での知名度が若干落ちるか? という「猫好き有名人」は、倍近く居ますが、ここで挙げさせて頂いた五十七名の「猫好き」さんの中で、「左利き」がなんと十余名も居るのです。日本人の平均の一割の倍の数です。さらに「識字障害(Dyslexia)」が、八人という数字もかなり高率な筈《はず》です。勿論、この他に、右利きに矯正された人、時代的に判断しようがない人も居ますが、わかっている数字だけでも、明らかに「猫好きの中には猫的人間が多い」ということは明白なのではないでしょうか?

さらには「左利き」「学習障害」及び、「高機能自閉症（脳の障害ではないとも言われる、まだまだ未解明なジャンル。アスペルガー症候群などを含む）」などや、「左利き」でなくとも、同様に「右脳左脳の分化をせず、総合的に脳を使う人」まで加えると、もしかしたら「猫好きの半数近くは猫的人間」なのかも知れません。勿論これには「科学的で合理的な研究結果」が得られる訳ではありませんから、何時の時代もこのような提起には、反論が続出するものです。

しかし、「左利きか同様の脳の使い方をする」こと、そして、「過集中」「常同性」「学習障害」などの要素などが重なるとその割合は減らないかジャンルによっては増えそうな気配であることに驚かされます。普通、条件が複数になった場合、その割合は激減してゆく筈ですがそうでもないのです。

「猫的」であることは、様々な度合いの違いはありますが、総論としては、非病的な意味合いでの「Autism Link（自閉系）」であると言えるのではないでしょうか。それは、猫そのものの最大の特徴である。「自動的（Automatic）」「自発的（Autonomous）」と「語源的」に全く矛盾せず、むしろ「同源同義」なのです。そもそも「自閉」という邦訳の文字面は、「自分の世界に閉じ籠る」的ですが、「世界を変えた」と言っても過言でない人々も多い上に、猫は決して「籠る」どころか、何時《いつ》も堂々と、気品を携えて闊歩《かっぽ》する生き物です。そろそろこの言葉も、「自発症」とか「自発系」や「自動症」「自動系」などに改めても良いのではないでしょうか。

TRUTH 008

より多くの猫好きの芸術家や著名人

「自閉系」でもなく、「左利き」でもなく、その意味では「猫的な人間」でもない人の中にも「猫好き」は沢山居ます。近年のタレント、俳優、歌手では、故萩原流行さん、フジコヘミングさん、タモリさん、北川景子さん、岸本加世子さん、中川翔子さん、田中美奈子さん、兵藤ゆきさん、山田邦子さん、大地真央さん、吉村由美（Ｐｕｆｆｙ）さん、柴咲コウさん、仮屋崎省吾（華道家）さん、ノーベル賞候補の村上春樹さん、曽野綾子さん、林真理子さん、群ようこさん、漫画家の松本零士さん、かつみ＆さゆり（夫婦漫才）さん、篠原勝之（芸術家）さん、そして、熱く猫を語らせたら止まらないともっぱらの評判の田中裕二（爆笑問題）さん。この他にも「猫も犬も好き」という人は沢山おられるでしょうし、ブランド猫専門の方も沢山いらっしゃいます。逆に、田中裕二さん、中川翔子さんは、捨て猫、野良子猫の保護でも知られています。また、地域猫サポートでは、先駆者でもあられるロックバンドＡＬＦＥＥの坂崎幸之助さんは、「ねこロジー」という本も出され、私も出て直ぐ購入させて頂き拝読しました。また、「ペットの殺処分」や「ペットショップ」の様々な問題を訴える団体の充実と発展の宣伝には、ご自身が一緒に暮らしているかどうかは別に多くの有名人が名を連ねています。例えば、「FreePets～ペットと呼ばれる動物たちの生命を考える会」には、坂本龍一さん、高橋幸宏さん、渡辺眞子（作家）さん、浅田美代子さん、飯田基晴（映画監督「犬と猫と人間と」）さん、大貫妙子さん、小林武史さん、坂本美雨（歌手）さん。何人かが兼ねてらっしゃるTOKYO ZERO「殺処分をゼロにする」には他に、とよた真帆さん、ビートルズ世代にはお馴染みの湯川れい子（音楽評論家）さん、久石譲（作曲家）さんなどなどで、とても大切で素晴らしい活動をされていると、敬服いたします。

逆に、「猫嫌い」として有名な人を挙げますと、ヒトラー、ムッソリーニ、ブラームス、ヘンリー三世、シェイクスピア、アイゼンハワー、ジンギス・カンなどなど。愛猫家さんたちならば「なるほどね」と何となく納得なさるのでは？　アイゼンハワー大統領などは、敷地に猫が入って来ると空気銃を持ち出したとさえ言われます。また、「猫顔」ではピカイチの女優、田中麗奈さんは、残念ながら犬派のようです。

●猫はペットか？　ステイタスか？

その一方で、猫や犬を「ペットと呼びたくない！　家族だ！」と言う人が多い中で、特に犬派と呼ばれる人には、品種や血統証にこだわる人も少なくなく、愛猫家さんの中にもいらっしゃいます。ペットショップ売れ残り問題や、純血統の問題、特に「奇形血統」を増やす問題などども多く語られています。その反面、賃貸住宅で「ペット不可」で暮らしたくても暮らせない人の人口は、おそらく「猫と暮らしている人」の数倍居るに違いありません。同様に、大好きなのに、ある時から「猫毛アレルギー」を発症してしまった人も多い筈《はず》です。

　このように、猫や犬にまつわる個人的心情や、その表現には、実に様々なものがあります。言い換えれば、それらは「個人の自由」ということなのですが、それって、「嗜好だから?」「趣味と同じ話?」と考えるとおかしなことではないか?　と思えて来ます。尤《もっと》も、鼠とペストから穀物や人間を守る為の「家畜」から「ペット」になってまだ数百年。「ねこまんま=餌」が「Food／ご飯」になり、「飼う」が「暮らす」に変わり、それに伴って「飼い主」が「オーナー」→「家族」と変化して来たのもここ十〜二十年ですから、まだまだ「意識改革」途上なのかも知れません。その意味では、前記の有名人の方々が、もっと発言したり、何らかの共通の「理想的観念」を作り上げて宣言でもしてくれれば良いのですが。

TRUTH 009 猫的な天才の切ない生涯について

　前々項までで述べました、圧倒的多数派の「犬的な人間」によって構成される人間社会に於《お》いて、幼少期には「学習障害」として理解されず、青年期にも「変わり者」と言われながら、その持ち前の才能、叡智《えいち》、そして、驚異的な集中力と、非凡が視座・視点によって社会の注目を浴びたり、才能を求められ発揮し、歴史に名を刻んだ者が少なくない「猫的な人間」。しかし、その多くの人生の最後は、寂しく孤独で、多くの場合貧しく、苦しい日々であったことがわかります。勿論《もちろん》、アインシュタイン、シュバイツァー、チャップリンのように、幼少~青年期に大変な苦難を味わいながら、晩年は世界に認められ、家族にも囲まれて高齢の天寿を全《まっと》うした偉人も少なくありません。

しかし、その一方で、社会的地位を得、晩年に多くの人々に囲まれながらも、独善的で意固地な意思を譲らないという形で、自らで「孤独」を作り出すのも、「猫的な人間」のひとつの切ない典型でもあります。イギリスの小説家チャールズ・ディケンズなどはその典型で、五十八歳の短い生涯でした。

また、「猫的な著名人」の中には、生涯の多くの時を「病との戦い」に明け暮れた不運の人生も多く見られます。十九世紀末から二十世紀中盤に掛けては、今日の医学・医療水準とはまだまだ比べようがないほどでしたから、一般庶民は勿論、ある程度の財力がある人々でも病に苦しみ、命を縮めていた時代です。とは言え、シュバイツァーの九十歳、チャップリンの八十八歳、アインシュタインの七十六歳など、そのような時代に在っても高齢で天寿を全うした人もいますから、還暦を前にして早世するというのは、やはり過酷な宿命と思わざるを得ません。

哲学の異端児、ニーチェは、兄弟の助けに支えられ、亡くなる三年前までは母親にも守られていたと言われます。しかし、健康に恵まれなかった不運な人生であったことは否めませんし、母親の存在（相互依存？）の憶測も禁じ得ないものがあります。アメリカの小説家ヘミングウェイは、二度の飛行機事故からも奇跡の生還を果たしましたが、五十五歳の時点で既に「老人と海」のノーベル授賞式に出席出来ないほど弱り、「鬱《うつ》病」に苦しみ還暦をやっと過ぎた一九六一年にライフル自殺を遂げました。

イギリスのＳＦ小説家ウェルズは三十歳前後から、肺病、腎臓病、神経炎などに苦しみ、それでも八十歳まで病と向かい合って生き続けました。それどころか女性遍歴は超一級で、語られているものだけでも両手の指が足りなくなるほどです。そんな彼は、猫の「Autism（自閉）な性質」に対する敬慕《けいぼ》と、人間に対する慈愛と戒《いまし》めを込めたこんな明言を残しています。「単独行動の動物である猫は、ひとつの目的を持ち、単身で自分の意のままに行動するが、犬は主人同様、頭の中が混乱している」

●燃え尽きる生き方

「猫的な人間」の中でも、「自閉系」と「左利き」が合わさった場合、強烈な集中力と、突然「ＯＦＦ」になったような空白の時間が交互に現れることがあります。これは、同じく強烈な集中力の割に心臓が弱く、持久力に欠ける「猫」そのものの姿でもあります。逆に、社会に認められ、その才能が望まれる場合（親族が金目当てで積極的に支える場合も多いのですが）、「ＯＦＦ」になる間もなく、没頭し続けることがあって、その結果、本人の自覚の無い中で命が削られていることが多くあります。そもそも「自閉系」にはその傾向が強く、さらに「愛猫家で猫的な人間」であり「左利き」が加わると、「ストレスと疲労を感じない」という奇妙な現象が起き易いのです。勿論、「猫・自閉・左利き」に拘《かかわ》らずとも、古今東西の売れっ子大スターは、不眠不休の日々を振り返り「寝る間も無かったのだから恋愛なんてとんでもない」と言いますが、「猫的な人間で左利き」は、そんな日々でも「恋愛」にも没頭してしまうのです。後述のサティなどは、芸術創作活動に没頭しながらも、恋文を三百通も書きました。サティとも親交が深かった、同じく愛猫家で左利きのラヴェルとドビュッシー、さらに大先輩であるモーツァルトなどは、「ストレス・疲労不感症」の結果の早世ではないかと思われます。多い時には十五人ものモデル兼愛人がその邸宅に寝泊まりしていたと言われる愛猫家の画家クリムトもまた、不摂生が祟ったのでしょう、五十六歳の若さで脳梗塞《こうそく》でこの世を去っています。

●自虐のツケの健康不良で早世

「モルグ街の殺人」「黄金虫」「黒猫」などの推理小説で世界を虜にしたエドガー・アラン・ポーは、生後間もなく両親を失い（父は失踪）ますが、裕福な家庭に引き取られ、天才的な語学力で学歴を重ね、かなり恵まれた（？）少年時代を送ります。しかし成人後は義父と折り合いが悪く、初婚の妻（従妹）が二十代で早世したこともあったのでしょう、貧困に負け、酒と博打に逃げ、数々の名作が世界に評価されて印税や賞金を手にするも、独善的な雑誌経営と酒につぎ込んでしまいます。そして一八四九年、四十歳という若さで、しかも再婚を一ヶ月後に控えた頃、アルコール中毒で保護され搬送先の病院で死去します。

ドビュッシーやラヴェル（共に愛猫家／左利き）と親交があり、強い影響を与えたと言われるクラッシック音楽の奇才エリック・サティの人生物語は、「猫的な人間」のある側面の象徴のようでもあります。彼は生涯ただ一人の結ばれぬ女性を愛し続けたと言われます。しかもその女性はあのルノワールが描き、後にユトリロの母になる女性（スュザンヌ・バラドン）です。「猫的な人間」に少なくない、母親への強い憧憬《どうけい》と憎悪、その反動の女性への純粋で強烈な情熱と潔癖・完璧・理想主義的な幻想、そして挫折。彼らの女性遍歴は、いわゆるドンファン的なものではなく、身も心も削ってのものなのです。それはしばしば「All or Nothing（またはOne）」として表出され、サティは後者の典型だったのです。音楽の仕事の方は比較的順調に見え、同じく愛猫家の画家スタンランがポスターを描いたモンマルトルのカフェ「シャノアール（黒猫）」でピアノ演奏を続け、カフェでは、ジャン・コクトー（愛猫家）、アンドレ・ブルトンをはじめとする様々な文化人・芸術家と交流を持ち、シュールレアリズム、ダダイズムといった芸術活動にも参加し、いわゆる「Night Science（宵《よい》の閃《ひらめ》き）」を得ながら数々の名曲を創作します。しかし、「猫的な人間の哀しい性」。母親かそれに代わる女性マネージャーが得られなかったのか、安酒で体を痛め、還暦を目前にして肝硬変でこの世を去ります。

TRUTH 010 猫的な天才の寂しい晩年と女性問題

「猫的な天才」たちは、単に愛猫家であるばかりでなく、切ない特質を持ち、その性質のまま真っ直ぐ生き、如何に世間、世界にその名が知られようと、本当の意味では、「理解されなかった」可能性が大きいと思われます。

もしかしたら、彼らの多くに感じる最も悲劇的な物語は、女性とのことであったかも知れません。おそらく彼らの多くは、愚《おろ》かな雄猫のように、殆《ほとん》ど容姿か、フェロモン的なもので魅せられたとともに、母親の存在が未解決ですから、同じ容姿や声質や雰囲気、香り。もしくは、全く逆の姿に惚れ込んでしまう。さらには、持ち前の探究心が妙に作動して、当代随一絶世の美女、マドンナ、などと言われると「何としても我が物に」的なスウィッチが入ってしまう場合も大いに想像出来ます。

ところが、女性の方からしてみれば、「猫的な天才」が必ずしも容姿端麗ではないばかりか、どちらかと言うと「何事にもスマート」とは言いがたい。レストランで食事をしても、背筋を伸ばしてスマートに、ではなく、皿に鼻を近づけてしまい、そこに新たな発見を見出してしまうようなタイプです。中には、そんな不器用さと、幼稚さに「母性本能」をくすぐられた女性も居たでしょう。もしくは、「女性を、非日常の夢の世界で酔わせてくれるようなタイプ」、しかし浮気性で、いい加減で、その実「腕に職が無い」「色男、金と力は無かりけり」。そんなプレイボーイに飽き飽きしていたタイミングだった女性も居たことでしょう。しかし、殆どに共通していると思われるのが、「猫的な天才」の地位と名誉と錬金術の腕に惹かれたのだろう、ということです。「一風変わった（でも人間として本物っぽい）有名人と付き合っている」「私は、そんじょそこらの牝狐とは違うのだ」という自尊も手伝って。

しかし、もっと本質的なところでは、彼女たちの多くの心の奥底に潜む、幼児期の何かが大きく関係していた可能性があります。例えば、父親か母系の祖父に、似たような性質の男性が居た、その存在に対する「愛と畏怖《いふ》」や「尊敬と嫌悪」のような矛盾した相反する感情などの、彼女たち自身も気づかない理由が共通していたのではないか？　と思われます。つまり「猫的な天才」も、そのお相手の女性も、いずれも自分の心の奥にある、強烈な想い、言わば「足りない部品」が何であるかを理解も自覚も無いままに求め合い恋愛物語を展開させ、そしてやがては哀しい別れに繋がるのです。

中には、女性の方がそれをよくわかっていたと思われる場合もあります。思考や論理的な説明は不可能でも、直感でわかっていた女性も居る筈《はず》です。が、そのような最も理想的な相手と出逢っておきながら、当の「猫的な天才」の方が、他に目移りしてしまったりする訳です。天才の中には、後に得たノーベル賞の賞金を、前妻に全て与えた人もいます。また、過去の女性になってしまった人の中には、その後生涯を独身で通した人も居ます。

尤《もっと》も、このような話は「何処にでもあることだろう」と言われてしまえば、それまでなのですが、ひとつ違うことは、彼らのその様子を、常に猫たちが傍《かたわ》らで「見守っていた」ということです。猫は一見無関心なようでいて、六感で感じる分も含めて、凄くよくわかっていたに違いありません。時には、その時々の女性の心に乗り移って長年の心配事や願いを、その女性の口から語らせた猫も居たかも知れません。また、その猫のそのような想いには、天才たちの亡き母親の魂が猫に託したものも含まれていたかも知れません。また、人間の「念」というものは、互いが存命中でも飛び交い、それを猫が引き受けることもあります。猫は、あの小さな体でそれを精一杯引き受けているのです。

猫たちの中には、とうに寿命が来ていたのに、孤独に耐えられそうもない天才の為に、数年延命した猫も居たかも知れません。逆に、天才が事故や病気で天寿《てんじゅ》を全《まっと》う出来ずに早世《そうせい》しそうな時に身代わりになって逝った猫も居たかも知れません。いずれにしても、そのような普遍的な猫の存在、そして、「猫的な天才」や「猫的な芸術家、文芸家」たちに共通する普遍的な性質や哀しい人生パターンをも、全て「個人の問題」としてしまい、謎めいた世界（薮の中）に葬ってしまう風潮では、「猫の本当の力」や、猫が数々の犠牲を払ってまで「人間に寄り添うと決めたこと」を、ついぞ人間は解らず仕舞《じまい》で終わってしまうのではないでしょうか。

女性関係云々《うんぬん》は定かではありませんが、哀しく切ない最期としてその最たる愛猫家の天才及び芸術家が、クロアチア人発明家ニコラ・テスラと、日本を代表するカクテル・ピアノの名手、ジャック滋野さんではないでしょうか。

ニコラ・テスラは、あのエジソンのライバルとも称され、同時代に数々の画期的な発明をしながらも、やはり「孤高の頑固さ」「純粋故の要領の悪さ」があったのでしょう。晩年は貧困の中、独り寂しく世を去ったと言われます。

かたや、同じく自閉系（Aspergerと言われています）で左利きのエジソンですが、世に認められた以後は、「愛猫家」というよりは、むしろ特許と金の為には実験材料にもしかねない人格だったかも知れません。「ちょっと風変わりな非凡な発明家」というよりは、「成功した起業家」の評価の方が当たっているかも知れません。しかしそれはそれで、ある意味哀しくも哀れなことだったかも知れません。そう考えると、ニコラ・テスラは、貧困に苦しみながら逝きましたが、その傍《かたわ》ら、膝の上にはきっと最期まで猫が居てくれたのでしょう。ニコラ・テスラが左利きであったかどうかは不詳ですが、「識字障害（Dyslexia）」ではあったと言われますから、矯正も含め左利き的であったことは推測出来ます。

「和製カーメン・キャバレロ」とも称された「日本を代表するカクテルピアニスト」でありながら、「知る人ぞ知る」といった存在のジャック滋野（1922生）さんは、ちょっと興奮してしまう経歴の持ち主です。お父様滋野清武（バロン滋野／1882～1924）さんは、日本の音大（芸大）を出て渡仏し、音楽修行をするうちに飛行機乗りに転身し、第一次世界大戦が勃発するや再渡仏しフランス陸軍航空隊に志願し、飛行大尉・操縦士として活躍、勲章を受章します。そんな頃、フランス人の奥さんとの間にジャック滋野さんが生まれているのです。清武さんの父（ジャックさんの祖父）滋野清彦（1846～1896）氏は男爵で陸軍軍人、夫人は「京阪三名妓《めいぎ》」に名を連ねた芸者さん。清武さんの代で、外人妻が理由で爵位《しゃくい》を失ったようです。

時代は、あのエリック・サティが、「カフェ・コンセール・シャノワール」でピアノを弾き、ピカソ、ジャン・コクトーといった愛猫家の文化人が毎晩のように飲みかわしながら「閃き《ひらめ》（Night Science）」を得ていた頃です。父様の滋野清武さんがその場に居なかった筈はありません。そして仏空軍の英雄です。男爵家に育った品格もあったことでしょう。サティたちも敬意を持って接していたに違いありません。もし、親交を深めていれば、幼いジャックさんを連れてサティの家に行き、愛猫とも出逢っていたかも知れません。滋野清武さんの愛猫家の様子は語られていませんが、ジャックさんの「愛猫家」の原風景はそこだったかも知れません。

父親とは逆にジャックさんは飛行機乗りの道が断たれた後、音大に入りピアニストとなったと言われます。そんな輝かしい家柄と生い立ちにも関わらず、ジャック滋野氏の最期は、日課となっていた野良猫の餌あげに家を出たところで階段を転げ落ちた「不慮の事故死」なのです。

CHAPTER 09

猫の心に関する10の疑問

TRUTH 001

猫のイジケ、トラウマ／PTSDとは？

本書冒頭の第一章第一項で、猫の、「つれなさ」について述べました。猫が何故、あのような態度をとるのか？　それを考える時のひとつの大きなヒントは、猫に限らず人間も、おそらくその他の生き物も、その行動や心理の基本には「自己中心的な理解と観念」が大きく横たわっているだろう、ということです。これをひとことで言うならば、「その者自体の発想でしか、他者を理解出来ない」ということです。そして、殆《ほとん》どの生き物は、その発想に無い行動（主に攻撃）を受けた場合は、例外無く「逃げる」ことしか思いつきません。

例えば、「きっと今は良いことを言っているけれど、そのうち私を裏切るに違いないわ」など と考える人や猫は、そのようなことを他者にし得るという意味です。人間の詐欺師の場合、殆どそのような心理を「スキ」として突いて来ます。

尤《もっと》も、そのような発想が無い人や猫は裏切られないのか？　というと、裏切るのは他の人間（猫は裏切りはしない）ですから、勿論《もちろん》「そのような心理を持たない人（や猫）」も裏切られ、大いに傷つき哀しみます。ところが、「そのような心理を持たない人（や猫）」の場合、長い目で見ると、実は失うものは大してないのです。例えお金を持ち逃げされたとして、数年は打撃でしょうけれど、その人（猫）の長い歴史の中では、むしろ「高く付いた授業料」のようなもので、他に得るものの方が価値が高い筈《はず》です。逆に、「裏切る裏切らない」という「どうでも良いこと」に執着している人（や猫）は得るものが無いばかりか、その執着しているものを失い一層に被害者意識を募らせるばかりとなり、そんな想いを何年も引きずっていますから、新たな自由な発想も生まれず、心にも体にも悪影響が及び「百害あって一利無し」なのです。

このような普遍的な原理で考えるならば、猫が「つれない素振り」をするのは、猫にとってそれがある程度大きな意味を持つからに他ならないのです。つまり、猫も「つれなくされるのが好き」であり、「つれなくされるのが嫌い」なのです。言い換えれば猫は、「つれなくされる」ことで、大いに傷つき得るということです。しかし、「傷つき、寂しがる」ことはあっても、「警戒したり、心配したり」はあっても、不思議なことに、それによって「いじける」ということは、それほど無いようです。

逆に言うと「いじける」ということは、何処かで「繋がり」を信じている（まだ「繋がり」を確信している）から可能なのであって、それと比較すると、猫は、とことん深く傷つく場合があるということになります。なのに、猫は、それを人間にやってみようとする。それは「傷つくこと」を恐れながらも、人間を信じようと思ったり、試してみようとしている姿かも知れません。

幼少期の猫は、人間との触れ合いによって、何の疑いも恐れも抱かずに心を開きます。ところが、その時に何らかのショックを受けると、その後、数年〜十数年もそれを引きずることがあるのです。「切り替え上手」なのが最大の特性であるにも拘《かかわ》らず。「いじける」ということも基本的に殆どないにも拘らず。言わば「心を閉ざす」という感じでしょうか。しかも、その「何らか」というのは、取り立てて「虐待」のような大きな出来事でなくてもあり得るのです。仲良しだった猫と引き離される、心を開いた人間と引き離される、などで何年も心を閉ざしてしまうことが実際あるのです。

「いじける」があまり無いと思われる猫でも、「しょげる」はしばしば見かけます。が、基本的に切り替えが早い子の方が圧倒的に多く、何時までも「しょげている」子は、感染症などの治りも遅く、何らかの心と体の障害を持っている切ない場合も少なくありません。

猫にとっての「トラウマ」、及び、それが部分的に重傷化した「PTSD（Post Traumatic Stress Disorder／心的外傷後ストレス障害）」は、猫という生き物が基本的に「比較意識、自意識」が極めて低い為、「被害者意識」も殆ど持ち合わせないので、人間と比べれば数桁違いで少ないと思います。逆に「群棲性《ぐんせい》」で、「比較意識、自意識、被害者意識、劣等感（裏腹な優越感）、自尊心」が人間並みの「犬」の場合、PTSDは、比較的（というかかなり）顕著《けんちょ》です。そう繋げて理解しない飼い主も獣医さんも多いでしょうが「無駄吠え」や「食糞《しょくふん》」などは、その典型だろうと思います。

その一方で、猫は「経験則」というもの、そして、もしかしたら「魂の記憶、前世の記憶」のようなものは強く抱いているようです。例えば虐待か何かで、「頭上の脅威」を強く感じた経験を持つ子は、頭を撫《な》でられることが平気になるのに数年掛かりました。大丈夫になっても尚、喜んでおでこを差し出すことはしません。が、そのようなトラウマが、犬のように思いがけない方向に表出《ひょうしゅつ》するようなＰＴＳＤは、あまり見かけないと思われます。

TRUTH 002 猫は「自己矛盾の生き物」である？

私は本書の様々なところで、猫は「自己矛盾の塊」のようなことを述べて来ました。「つれなくされることが苦手なくせに、それを人間にしてみたりする」「ご飯を横取りされると怒るくせに、自分は他者から横取りする」など、「他者にされて嫌なこと」をしたりします。そんな様子を見る時、「一体この子は何を考えているんだろう？」「この子の想いとは？」「この子の考えとは？」「この子の本当の心とは？」と思いを巡らせれば巡らすほど、「不可解」に思えてくるのではないでしょうか？

しかし、そもそも「心とは？」「想いとは？」それは「考え」とは別物なのか？　と思い返すと、人間だって、かなりに曖昧《あいまい》、不明瞭、いい加減ではないでしょうか？　このことを抜きにして、「猫の心、考え、想い」を理解することは出来ない筈《はず》です。人間の都合の良い解釈をしたいならば別ですが、ご存知のように猫は、そのようなものをいとも簡単に打ち砕くことでは天才的な才能の持ち主ですから。私たち猫に心を奪われた人間は果てしなく考え、わかろうとし続けるしかないのです。その為には、そもそも私たち人間が「私たち自身の気分や感情、思考について認識していること」自体が間違っていると仮定した場合の、真実とは何か？　というテーマを考えてみることが大切である訳です。

●自己同一性の嘘

私たちは、自分の意識や自我、自己というものが、日々様々な感情、気分に変化しつつも、また、外からの影響を受け、喜怒哀楽、一喜一憂しつつも、「単一（同一）」であると認識している筈です。それは、1950年代末に、アメリカの心理学者エリク・ホーンブルガー・エリクソン（1902〜1994）が提唱した「アイデンティティ」の概念によって裏付けがなされています。その後、今日まで、少なくとも私たち一般人が認識を改めるような周知の反論も、新たな大発見的な提唱もなされていません。従って、私たちは、様々な気分や感情がわき上がってこようが、外因によって揺さぶられようが、「自己は単一である」と思っている訳です。しかし、もしそうでもなかったら一体どのようなことになるのでしょうか？

勿論《もちろん》、エリクソンたち心理学者や精神科のお医者さんたちが話題にしているのは、その「単一性」が自己意識の中で保つことが出来ないことであり、そういった人々を、明らかな心の病と捕らえ、様々な研究や治療法を考えるというもので、実際そのお陰で心理学も精神医学も発展してきた訳です。しかし、病気であると診断された人、自覚をしている人、その人を治そうとするお医者さんと家族は、いずれも深刻に考え向かい合っている訳ですが、そこまで重傷ではなく、そこまで深刻でなかったとしたら、誰も気づかない訳です。ならば、もしかしたら私たちは、ある程度は、多重人格なのかも知れないとは言えないでしょうか（※）。逆に言いますと、「単一である」と信じ思い込もうとするから、無理や矛盾が生まれることだってあるかも知れないのです。むしろ、「ある程度は多重で当たり前だ」と軽く考えている方が、無難に健全に過ごせるのかも知れない。しかし、何かにすがって生きて行くことしか知らない人間（無意識も含めて）は、「単一であることを信じることで常規《じょうき》を保っている」のかも知れません。しかし、それは言い換えれば無理矢理「単一性」を作り出して自己納得することであり、極めて不自然であり、ある意味危ういかも知れませんし、そもそも「勿体《もったい》ない」と言えるのではないでしょうか？

（※）「多重人格」も原点には、このような「多重意識」があるのだろう、それはほぼ万人に共通であろう、という仮説で申し上げています。少なくとも、「エリクソンの理論」など全くおかまい無しの猫に関して言えば、「かなりに多重的」であり、「単一的であるべき」とするから生じるのであろう「自己矛盾」も、実は正常（当たり前）なのかも知れません。

同じように猫の心の中にも「甘えたい自分」と「誰か人間の『我が物』にされたくない思い」

と「私を好きにして！」という思いと、「人間をむしろ我が物にしたい」思いとが、当然のように同居しているのではないでしょうか？　またそこに、もっと単純な心理と言いますか、単純な記憶に対する反応「抱きかかえられると、しつこいから嫌《いや》だ」とか「抱きかかえられると病院に連れて行かれる（トラウマ）」が瞬時に発現して、「嫌っ！」の行動で終わってしまう。そう理解してあげられると、実に健気で切ない気持ちになり、愛おしさも倍増しませんでしょうか？

TRUTH 003 猫の考え、想いとは？

日々私たちは、愛猫が「ふっ」と何かを考えているような姿を見ることがあります。そうかと思えば、やっぱり何も考えてなさそうな時もありますから、「あっ、何か考えているな」と感じる時は、やはり何か考えているに違いありません。勿論《もちろん》個体差もあります。何かを考えていたとしても、「ご飯はまだなのだろうか？」程度のことしか考えていない子も居るかも知れません。ですが、猫は、まだまだ人間が知らないとても多くの力と謎を秘めている筈《はず》です。もしかしたら考えているのではなく、遠くに生き別れた兄弟や親子の魂の声（テレパシーの類い）を聞いている最中なのかも知れず。死に別れた大好きだった猫や、人間の魂と会話をしているのかも知れません。もしかしたら、猫は、神様の声も聞こえるのかも知れません。その神様は、人間の神と同じなのか？　猫だけの神なのか？　それは全く想像もつきませんが。

　私の知り合いには、猫の神様と話が出来るという人も居ます。完全に信じてはいませんが、疑ってもいません。何故ならば、当の猫しか知らないようなことをその人が「猫の神様から聞いた」「神様は当の猫から聞いた」と話すことが何度かあったからです。そのような人たちから の声を聞くと、不思議なことに、それまで私が感じていた猫たちの発想や言葉、伝え方、考え、想いなどとそんなに違わないことも「疑い切れない」理由のひとつでもあります。

　猫たちは、勿論、倫理的な会話はしません。用語も知りません。しかし、私たちがしばしば人間の幼児に対して喋るような会話よりは、遥かに大人な感じがします。小学校低学年位の感じでしょうか。例えば、私が誰か（猫）の姿が見えないので心配して名前を呼んだ時に、他の猫が「○○ちゃんはここに居るよ」と教えてくれたりしますが、その時に、「ここ」を「棚」とか「箱」とかの名称も、「棚の裏」「箱の陰」という言い方もしないようなのです。論理性がないのですから、そのような「概念を示す名称」も持ち合わせていないようなのです。なんとなく、「上下の概念」はわかっているような気もします。が、しかし、猫は「概念とその実行である論理性」は有していなくても、それに変わる根には別の感性を人間が想像出来ないほど豊かに持っているような気がします。その感性から見れば人間は、「樹を見て森を見ない」様子にしか思えないに違いありません。

例えば、人間にとって「森」とか「宇宙」というものは、「概念」のようでいて、実は「よくわかっていない」が為に、大雑把で曖昧《あいまい》な、殆《ほとん》ど「観念」に近い、否、「観念」よりもいい加減なイメージしかありません。が、猫たちが当たり前に持っている感性からすれば、「森」や「宇宙」を常に全体的に把握《はあく》し、俯瞰《ふかん》しているように感じ取っている可能性があります。なので、「本棚」とか「裏側」「陰」というような目先の物のあれこれを指す概念の名称（用語）を用いて思考する必要が殆どないのだろうと思うのです。逆に、私たちは、「森」を理解する為には、「何という名前の樹木が何種類何本あって、雑草や草木が……、そこに爬虫類の何々が、両生類の……鳥たちの……」と、とんでもない情報を収集して理解しようとしても、実は理解出来ていない（出来ない）に違いありません。ところが猫たちは、遠くの茂みで物音がすれば、獲物か天敵か？　を即座に理解し、風に乗ったかすかな香りで、何の花が咲いているか？　そこにはどんな御馳走があるか？　を即座に察知するのでしょう。その時に、花の名前や獲物の名前が、どれほどの役に立つのか？　また、獲物は常に移動するのです。「裏だ表だ、下だ陰だ」などと言っている間に動いてしまえば、そのような言葉は意味を持ちません。そもそも単独で狩りをする猫には全く無関係、不必要なことです。そう考えると、「猫の言葉は、小学校低学年程度」とは言っても、「その程度の知能である」ことを意味していることにはならない筈です。むしろ、団体行動をとらず、その為の言葉を持たない猫が、私たちに話しかけてくれる言葉は、正に「心の言葉」であり、その想いや考えを素直に余すことなく伝えているのではないでしょうか。

TRUTH 004 猫の魂、生まれ替わりとは？

猫であろうとも人間であろうとも「果たして魂というものは存在するのか？」と「生まれ替わりはあるのだろうか？」というテーマは、それこそ何百年もの間ずっと論議が為されて来ました。「魂・生まれ替わりはある」と信じる人々の主張や実例に対して、科学者や心理学者、精神医学者、哲学者たちは、科学的かつ合理的にそれを否定し、替わりに「そう思いたい心理」を科学的に説いて来ました。それでも尚、それらでは説明し切れないことが起こり、それを主張すると、科学者たちはまた、それを科学的に否定することに躍起になって来ました。

私がここで申し上げたいこと、危惧していることを述べます。「魂・生まれ替わりはある」と「ない」という意見、主張が、何百年もの間、常に拮抗《きっこう》しているのであるならば、その可能性もずっと五〇％ずつあった、ということである筈《はず》です。正直申し上げて、私自身も常にずっと「五〇％ずつだ」と思ってきました。「それで良い」のだと思います。考えるべきことは、どちらが「地球という生命体の健康と維持」に相応しいか、ということではないでしょうか？　仮に「魂・生まれ替わりはある」と信じる人が、全人類の二割居たとして、「ない」ことを科学的に証明したい人が二割居るとして、残る六割は「どっちとも言えない」や「どうでも良い」と考えているとして、そのような曖昧《あいまい》な人々は「地球の健康と維持」について本気で身を挺《てい》してまで真剣に考えているとは言えないのではないでしょうか？

「魂・生まれ替わりを信じない人」でも、「自然環境を改善するべきだ」「地球の健康を考えるべきだ」「人間以外の生き物を大切にすべきだ」と考える人も居ると思います。しかし、そのような人にとって「魂・生まれ替わりがあると信じる人たち」は、敵でもなければ、邪魔でもない筈ですし、自身の考えの中で五〇％ずつにしていても何の問題もない筈です。逆に、「地球の健康なんか知ったこっちゃない」「自分のことで精一杯だ」という人々の中に、「でも、魂・生まれ替わりは信じる」「ご先祖さまに恥じない生き方をすべきだ」と考えている人は存在し得るでしょうか？　つまり、「地球の健康と維持」を真剣に考える人にとって、「魂・生まれ替わりを信じることや人々」は、邪魔ではないけれど、「地球の健康と維持」を真剣に考えない人、「自分のことしか考えない人」にとっては、「魂・生まれ替わりを信じることや人々」は、うっとおしい存在であるかも知れないのです。百年前に、右手でペンを持つ人が、両手の十指で小説を書き上げる時代が来るとは想像すらしなかったように。この数百年賛否が拮抗していた「魂・生まれ替わりの有無」も、百年後にはゆらぎない結論が出るかも知れません。

TRUTH 005

猫の前世の記憶とは？

前項で述べました理由から、以後本章では、「魂と生まれ替わりがある」「あるとしたら」という前提でのお話になります。「猫の前世の記憶」に関しては、古今東西でいわゆる「デジャヴュ（Deja-Vu／既視感）」として、比較的多くの人間が実体験しているものに「近い」もしくは、それを「入り口（導入）」に考えることが出来るかも知れません。この「デジャヴュ」に関しては、否定論もまだ明確な実験による実証に至ってないと言われます。科学的な説明では、「実体験しているのだが、それが何時であるかの記憶を呼び起こせない」ということのようですが、世界中で報告されている不思議な体験談では、その人物が生まれる以前のことであったり、行った筈《はず》の無い場所と関連していたりすることが多くあるようです。つまり、「前世で見聞きした」以外説明が出来ないというのです。

猫はおそらく、本能やＤＮＡの記録情報の他に、この「前世の記憶」が人間の想像を遥かに超えて優秀な生き物ではないかと思われます。古今東西でそのような報告、逸話、伝承が多いことと、私自身の体験で述べているに過ぎないのですが。

そもそも「魂」というものが、肉体や今生《こんじょう》の命（生命活動）とは別に存在し、それが何世にも渡って「輪廻《りんね》・生まれ替わる」ということがある（あり得る）という前提でなくては、「前世の記憶」もまた存在し得ません。逆もまた然《しか》り。つまり、「前世の記憶」は、DNAではなく、「魂」に刻まれているということなのです。ところが、この「魂の記憶」を引き出すこと、もしくは「魂の声（願いや忠告など）」を聞くことは、全ての猫が常に自在に出来ているとは思えないことが多くあります。勿論《もちろん》、「輪廻転生」を信じ、説く人々に言わせれば、「輪廻」を繰り返した結果の「徳が積まれた」今生《こんじょう》であれば、そのような力は前世よりも増していることになります。それもあるのでしょうが、もっと単純に、猫に限らず人間も、その思考力には大きく分けてふたつの系統があり、その一方の力が充分に発揮されていないと、「魂の声や前世の記憶」は引き出せないという考え方です。

その「思考の二大分類」の一方は、「利己的、エゴが強い精神状態での思考や感性」です。この思考力は、神経質で、敏感ですから、「場の空気を読む」「人の言葉の先を読む」「人の言葉、考え方、言動の粗を探す」「ディベート力とその知恵、及び発言力」に極めて有効な力です。受験勉強などにも有効で、しばしば「全てを記憶していなくても、出題者の意図が見えるから上手く行くことが多い」などと言う人が少なからず居ます。勿論、このような思考力は、弁護士、検察官、裁判官、刑事、検査技師、医者には不可欠の力であることは言うまでもありません。まるで、お医者さんや弁護士さんが「利己的、エゴイスト」と言っているかのような話ですが、後述します二大分類の後者と比較すれば、良い意味で「利己的、エゴイスト」でなければ、この思考力は得られないのです。

後者の思考力は、「全体像の把握《はあく》、自然との一体感」から、未知の情報や方法、手段を創造出来る思考力で、昔の語意としての「叡智《えいち》」がそれに当たります。つまり、二大分類の前者の思考力は、「情報が無い、知らないこと」では発揮出来ない。つまりお医者にしても法律専門家にしても、専門書や経験に無いことからは思考や判断が生まれにくいのですが、二大分類の後者「叡智」は、「予見、予知、想像、洞察、創造、工夫、発明」といった力を持っているのです。必然的に前者は、実務に適しており、後者は、芸術文学、ある意味で研究者に適しています。

猫は、その生態の必然性から、前者の要素・力は殆《ほとん》ど持ち合わせていないかも知れません。しかし、猫によっては、（何らかの体の奥底か心の奥に障害があって）「生きることで必死、自分のことで必死、精一杯」の場合は、「叡智」が発揮されず、現実的、結果的、現象的、条件的な思考力ばかりが亢進《こうしん》してしまいます。「魂の声や前世の記憶」は、後者の思考力と叡智なくしては聞き取ることは出来ないのです。

また、面白いことに（不思議なことに）、生後間もない環境が劣悪（母猫の初乳も不十分な月齢で捨てられた、など）だったことで、何らかの障害や弱さを抱えている子でも、兄弟の一方が「利己的な思考力ばかり」であるのに対し、一方が、何故か、「無い筈の余裕が思考力にある」ことがしばしば見られます。平たく言ってしまえば、後者は「おっとり、のんびりしている」

「性格が温和」ということなのですが、必ずしもそうではないですし、そんな場合ではないのです。その子も生きる為、体を丈夫にする為には、兄弟のように「どっちの皿の方がＦｏｏｄが多いか？」を即座に判断出来なくてはならないのです。にも拘《かかわ》らず、そんな子は、他の猫の体調や気持ち、私たち人間の気持ち、願いをよく汲み取ってくれるのです。

私は小さいまま、弱いまま、けれど尊大な心を持って早世した子を何頭か看取りました。そんな子の場合、心が素直で澄んでいたばかりでなく、「魂の声」「前世の記憶」をよく受け止めていた子であり、おそらく輪廻転生を幾度か繰り返して「徳」を積んでいたのであろうとしか思えません。そうでなければ、「利己的な思考力」を抑えて、「叡智」を優勢に出来る条件は何ひとつ得られていなかったのです。

TRUTH 006

猫の魂、心とは？

前項で「魂」の存在は「生まれ替わり・輪廻《りんね》」があってこそあり得、その声や記憶を受け止めるには、利己的でなく森羅万象を感じ取るような力や叡智《えいち》が求められる、と述べました。ここでは、その「魂」「心」「思考」「感性」「気分・感情」の位置づけを考えてみて欲しいと思います。

まず「魂」は、言ってみれば、「借りもの、預かりもの」です。今生《こんじょう》の私たちや猫の所有物ではなく、前世の何代もと来世の何代もとで共有するものであるからです。逆に「魂」は、その声を聞き取って貰えず、その意思を受け止めらて貰えない限り、私たちや猫の今生の意思や行動、生涯をコントロール、支配することは出来ません。尤《もっと》も、「魂」の声や意思が一〇〇％聞こえて受け止められたとしても、「魂」は、私たちの行動や生涯を一〇〇％コントロール、支配はしないのだろうと思います。このような存在と置かれ場所に「魂」があるとして、「心」は、紛れも無く「今生」の私たちや猫個々のものであるに違いありません。が、「心」と「意識」は必ずしも同じではなく、「心」と「思考」も必ずしも一致はしない筈《はず》なのです。否、むしろ明らかに別々である筈《はず》なのです。

TRUTH 007

猫と心が通じることとは？

私たち「愛猫家」は、「猫と心が通じ合った」という感触の感動を何度か味わっていると思います。が、果たしてそれはこちらの都合の良い思い込みではないのか？　とも、常々考えているのも正直なところでしょう。実際私もそうでした。そして、「通じ合った気になっていた」数十回の中で、「ああ、これが本当に通じたのだな」と強く実感した出来事があって以後、逆に、日々些細なことで、実はとっくに通じ合っていたのだ、ということもわかったのでした。やはり、このことを説明する前に、そもそも「心」とは何か？　を考え直して頂く必要があります。

私たちは日常、何気なく「心」「思い」「想い」「気分」「感情」「思考」などをごちゃごちゃに表現しています。つまり、私たちは私たち自身でそれらを混同し、わからなくさせているのです。ひと昔ふた昔前の人でしたら、ある程度は理解していたのでしょう。私たちと比べれば「遥かに理解していた」と言えるレベルです。それは「悲しいと哀しい」「嬉しいと喜ばしい」「思いと想い」などを、比較的しっかりと区別していたと思われるからです。ところが最近では、その区別が無いどころか、自分勝手に解釈してしまって何の衒《てら》いも恥も感じない人が増えて来ました。

時代とともに物質的繁栄は豊かになってきていますが、心の成長はむしろ止まっているどころか退化、幼稚化していると考えることが出来ます。何しろ「微妙な心の違い」をごちゃごちゃにして行く方向性なのですから、近未来には、感情をぶつけ合うだけで、言葉も「うー」や「わー」だけて良くなってしまいかねません。実際、「文字を打つより便利だ」ということもありましょうが、メールなどでの「絵文字」などの風潮は、その現れであると言っても筋違いではないかも知れません。

本章第六項と重複しますが、「魂」は、今、生きている猫や私たちにとって見れば、前世から受け継ぎ、来世に託す、言わば「預かりもの」です。それに対し「心」は、今生《こんじょう》の私たち自身のものに他なりません。もし「心が純粋である」ならば、かなりに傷つき易い存在であり、傷ついて鍛えられてしまえば、純粋さも失うかも知れません。それを守るのが「思考」なのです。強いて喩《たと》えれば、「魂」は、「血筋、家柄、家風、伝統」のようなもので、勿論《もちろん》、代々の今生で新たな学びを吸収しますが、伝統的に受け継がれているものが多くあります。そして、「心」は、傷つき易く、純粋な「少年少女」のような存在で、「思考」は、それを守りつつ育てる「保護者」のような存在です。よって、その「保護者」が、「観念や常識」に捕われ外の世界に物差しを求めてしまったり、「自意識過剰、被害者意識、比較意識」に支配されてしまえば、「心」は、「魂」と「思考」の板挟みで苦しむだけでなく正しい生育が阻《はば》まれてしまいます。これは、人間のみならず猫も同じなのですが、猫の場合、よほどのことがあっても「心」自体が頑《かたく》なになることがなく、その外側（心の表皮のような）の「想い」とさらに外側の「思考」が懸命に「心」を守っているようなのです。群棲《ぐんせい》性の人間の場合「観念、常識、正論」などにすがってしまい、「意識や思考」は、「守られている」と安心してしまいますから、「自分でしっかり考えない」。その結果、「心」がダイレクトにダメージを受けるのですが、猫の場合、そのような「群棲に必要な観念」が無いので、「想いと思考」が守るのでしょう。なので、時間が掛かってもその「防御壁」を溶かし解くことは可能なのです。

TRUTH 008

猫に好かれる人間とは?

「猫がすり寄って来る人間」は、まず殆《ほとん》ど「猫に好かれる人間」と考えて良いでしょう。ところが、彼の夏《か》目漱石夫妻のように、ある日突然縁《えん》も所縁《ゆかり》も無い猫が何故か寄って来る、追い出してもまたやって来る、というのには「好いた好かれた」というものを超えた、「猫が引き受けた宿命や使命」のようなものがあるのでしょう。その要素が加わってくると、「果たして好いてくれているのか? 使命なのか?」がわからなくなってくる訳です。

アメリカ大統領ビル・クリントン氏の一人娘チェルシー・クリントンさんは、ある日、何時《いつ》ものように通っていた音楽教室に行くと、そこで生まれたか貰われて来たか、子猫のたちの一頭が、彼女を見るなり飛び込んで来たというのです。その場で相思相愛。ホワイトハウスに連れ帰ってファーストキャットになったのが、彼の白黒猫の「ソックス」君なのです。J.F.ケネディー大統領は、猫毛アレルギーが発症した際に、娘の猫「トム・キティー」を里子に出させたそうですが、クリントン大統領は猫毛アレルギーを発症したものの、「ソックス」を追い出しはしませんでした。しかし、その代わりに犬を連れ込んだので「ソックス」はかなり不機嫌だったようです。猫の中には、その人間と出逢う前に「宿命・使命」を理解している場合があって、チェルシーさんとの出逢いの瞬間ソックスは、「あっ! 来た! この人だ!」と思ったのかも知れません。

小説家のチャールズ・ディケンズは、元々は犬派で鳥が好きで猫嫌いを自称していたそうなのですが、娘が白子猫を貰って来て、雄雌がわからなかったのでしょう。「William（ウィリアム）」と名付けたら子猫を生んでしまったので急遽《きゅうきょ》「Willamena（ウィリアメナ）」と改名したそうです。それでもディケンズは、好きになれないばかりか、愛する小鳥をすっかり平らげられてしまって一層の猫嫌い。「許しがたき存在」となったと言います。ところが生まれた子猫の中の一頭、生まれながらに耳が聞こえないので名前を貰えなかった子が、何故かディケンズの後ばかり着いて回り、とうとうディケンズを英文豪中トップクラスの愛猫家にしてしまったそうです。何しろディケンズは「猫の愛より偉大なギフトがあろうか」という言葉さえ遺しているのです。

ここで「ふっ」と思い返しますと、日本の高度成長期の始まりの頃、「猫」というものは、前述の英米の逸話同様に、子供が通学帰宅途中に捨て子猫や野良子猫を発見して連れ帰ったり、同級生に貰ってもらったりしたものでした。しかし、高度成長期が本格的になると、「転勤族」が増え、「団地、社宅」が増え、「核家族」が増え「夫婦共働き」「鍵っ子」が増えていきました。当然、「ペット不可の住宅」「日中世話をする人間が居ない」などで「駄目です！うちでは飼えません！　返してらっしゃい！」となったのです。なまじ真面目で素直で良い子の場合、自己嫌悪と親への不信感を「やましい想い」として奥深くにしまい込んでしまう場合がとても多いのです。そして、明るく素直に、親の言うことをよく聞いて、親を尊敬し、愛していると思い込み、親を見習って、自分も真っ当で正しく良い人間であると「思いたい」。そうやって大人になる。そんな人に限って、自分が結婚する、とか子供を生む、生んだ、の段階になって、奥底で蓋をしてきたものが突然ふつふつと沸き上がってきたりするのです。しかし何十年も考えもしなかったことですから、自覚も出来なければ、思考も出来ない。ただただ「得も言われぬ不安感」となって、「親にはなれない」という恐怖感に至ってしまう人が少なくないのです。

人間とは自分の行為を極力美化し、罪の意識から逃れたいものですから「元のところに返したに過ぎない」と親は考えるのでしょう。しかし、古今東西で、幼い子供には、大きな心の傷、自責の念が刻まれているのです。そして、それはやがて自己嫌悪に繋がり、同時に親への不信感に繋がる。それをそのまま表現出来る子は、まだ軽症で、恵まれているかも知れません。

そんな人のことを何故か猫は直感でわかるようなのです。何時も明るく元気で真面目で、勉強も友達付き合いも順調に暮らしているけれど、何処かに陰がある。心の奥に小さな闇がある。すると猫は放って置けない心情になってしまうのか？　何処かから指令が来るのか？　ところが、そんな子に限って、学生時代の下宿暮らしで「使命を負った猫」と出逢ってしまうのです。

そして、「アパートでは飼えない」からと、外飼いで餌付けをしていて、ある日車に轢《ひ》かれて失ってしまったり、卒業などで引っ越しする時に置き去りにしてしまったりで、古傷よりも大きな後悔を、しかも今度は自らの決定権の下で行ってしまうのです。

どこかで、この「哀しい繰り返し」に気づいた人は恵まれているかも知れません。車に轢かれて失った時に、それに気づいて、「よし！ もう二度と繰り返さないぞ！」と決意し、「ペット可」のアパートに越すも良し。親の言うがまま、世間の風潮になんとなく乗って都会で大学に行っただけ、その先のヴィジョンがある訳でもない。と考え直し一念発起して、生き残った猫を連れて実家の自然に囲まれた長閑《のどか》な町で猫たちと伸び伸び暮らす人生を選択するも良し。

自らの心に、罪の意識を抱きながらも、「世間の常識」に従って生きて行くことが、どれほど心にダメージを与えることか？ それをその時々に天秤に掛けて思い直せる人は、むしろ恵まれているのに違いありません。表題とは大きく話がズレてしまったようにも思えますが。もし「ひとことで言え」となるならば、「猫に好かれる人間」とは、「自分の心を大切にしようとする人間」なのではないでしょうか。勿論《もちろん》、この場合の「心」とは、日常自覚している「好きだ嫌いだ、あれしたい、これしたくない」などといった「気分や感情」のことではありません。

TRUTH 009

猫に仕え、生かされる人間とは？

前章、第八章十項の「猫的な人間の生涯について」でも少し述べましたように、「猫に生かされて来た」としか思えないような数奇な運命を辿った人間が「猫的な天才、著名人」の中に少なくありません。

例えば、様々な病気や体調不良と戦いながら著作を続けていた哲学者ニーチェは、実の母親と妹たちに守られていました。勿論《もちろん》その頃、傍《かたわ》らに愛猫も居たに違いありません。そして、ニーチェが亡くなる三年前に母親が他界してからは、母親の息子を案じる想いが愛猫に乗り移るか託されたのではないかと思います。おそらく、愛猫は母親の魂の願いを受け入れたのでしょう。母親の代わりの分もニーチェを傍《かたわ》らで見守り、共に病魔と戦っていたのかも知れません。

小説家ヘミングウェイの場合は、もっと顕著《けんちょ》です。二度の飛行機事故からの奇跡の生還は、猫に生かされていたのではないでしょうか。そのぞれぞれの当時の頭数はわかりませんが、何しろ常に三十頭は居たと言われますから、そのうちの数十頭、十数頭の願いだけでも奇跡は起こし得たのでは？　と思います。しかし、ヘミングウェイは、そのことをわかってかわからずか？　与えられた命とエネルギーを性懲《しょうこ》りも無くまた女性に向けてしまったのでしょう。二度目の事故の後は、傍らで心配する猫たちの想いも虚《むな》しく次第に弱まり、「老人と海」のノーベル授賞式に出席出来ないほどに至り、一九六一年にライフル自殺を遂げてしまいます。もし猫がそれを許し「お疲れさん、もう良いよ」としたのであるならば、安らかに自然死をしたのではないか？　と思います。だとしたら、ヘミングウェイは、猫たちの養育を投げ打って、自らの苦しみからの解放を選択したということになり、甚《はなは》だけしからん愛猫家であった、ということになってしまいます。

その点では、三十歳過ぎから病魔と戦いながらも八十歳まで生き延びたSF小説家のH・G・ウェルズは、猫に守られていること、生かされていることをわかっていたのかも知れません。数々の危機には身代わりになった猫も居たかも知れません。彼はそのことが理解出来たので、悪戯《いたずら》にかけがえの無い時と命を無駄にすることなく、授かった命を大切に使い切ったのかも知れませんH・G・ウェルズのあの明言「猫はたった独りでも、定められた目的の為に行動する」は、そのような理解から出ているのではないでしょうか。

この「身代わり」のことに関しては、夏目漱石の逸話にもあるそうですが、他でもしばしば聞かれる話です。夏目漱石の話は、NHK番組「歴史秘話ヒストリア」で平成二十七年十一月に放送されていました。漱石夫人鏡子さんは、当時猫が好きではなかったのが、漱石が重傷の胃潰瘍《かいよう》を煩《わずら》い危篤《きとく》に陥って奇跡の回復を得た時、祈祷師が「血を吐いて死んだ黒猫」の夢（イメージ？）の啓示を受けたと鏡子さんに告げたそうなのです。鏡子さんは、その頃、何度追い返しても家に上がってくる黒猫に辟易《へきえき》としていたのが、漱石が「飼ってやれば良いじゃないか」と言ったのでご飯をあげるようになったそうです。ほどなく、誰かが「爪まで黒い黒猫は幸せを呼び込む」と言ったので、「猫嫌い」を返上してせっせと世話をしていたら、漱石の危篤の後突然来なくなって、祈祷師の話を聞いたので「身代わり」の話を信じ、月命日にはご飯をあげるまでして感謝したという話です。

確かに不思議なのは、何年もこよなく愛して世話をしたのではなく、突然やって来て、追い出してもまた来るというのが、単に猫と飼い主との間に「情が通った」という次元を越えているところです。先に、H・G・ウェルズが遺した言葉を挙げましたが、やはり猫は「何かの目的」つまり「宿命」を感じて生き、行動することがあるのかも知れません。

クラッシックの作曲家ラヴェルの愛猫の場合、どのような想いを抱いていたのでしょうか。おそらく今日では認知症と診断される症状が現れてから、ラヴェルを強く支えたのは実弟と親しい友人たちと言われます。サインを求められその場でペンを持つことさえ出来なかった兄の代わりに書いて郵送もしていたと言われます。ところが、ラヴェルの死の直前、弟たちは、レントゲンでは判明しなかったその症状を判明させる為に、著名な脳外科医に開頭手術をさせているのです。当時は、CTやMRIがありませんから、開頭手術でしか検査出来なかったのでしょう。勿論純粋にラヴェルの回復と長生きを願ったからであるかも知れません。しかし、三十〜四十代ならいざ知らず、もう充分な名声と業績を上げ、還暦も過ぎた、当時では充分な年齢とも言えるラヴェルに、大きなリスクを伴う手術を遂行するというのはどのような意図なのでしょうか？　勿論、人が他者の事情や本心をよく知りもしないのに、印象や思い込みで決めつけることほど卑劣《ひれつ》で下品な行為は無いと思います。古今東西殆《ほとん》どの災いは、そのようなことが原点でもあります。故に、真相はわからないままにしておかねばなりません。しかし、ラヴェルもその愛猫も、最期を自宅で寄り添いながら迎えられなかったこと、さぞや無念だったのではないでしょうか。

同じクラッシック音楽の世界的に有名な人で、愛猫家振りもよく知られた、まだまだ現役で活躍中の方にフジコ・ヘミングさんが居ます。彼女が何かのインタヴューで答えた返答には、「なるほど」と感心させられました。インタヴュアーが「貴方にとってピアノとは？」と問うと、フジコさんは「猫を養う為の道具」と答えたそうなのです。私には、彼女もまた単なる愛猫家というより、極めて「猫的な人間」ではないか？　と思えます。クラッシック音楽の常識や、評論家の賛否両論にも負けず。勿論おそらく彼女とて褒められれば嬉しいでしょうし、けなされれば傷つくでしょう。多くの愛猫家が、「可愛いですね！」と言われれば嬉しく、「変わった猫ですね」と言われればその言葉が気にかかったり気に障ったりするのと同じです。

おそらく多くの「猫的な人間」にとって、音楽、絵画、言葉と文字、物理学、医学のいずれもと「猫」は、同じ存在のように思えていたのでは？　と思えてなりません。少なくとも私はフジコさんの演奏の姿を拝見するに、まるで猫と向かい合うかのようにピアノを弾かれている気がします。

どんなにあがいても我が物には出来ず。しかし、そのツボを上手く撫《な》でると、不思議に嬉しそうな声（音）を上げる。そのような感覚を共有しようとも理解しようとも思えない、否、想像すらしない人々は、「彼女の演奏は身勝手な解釈だ」とか、体調や技術的な問題を言いたがりますが、勿論「生の人間とまるで生きている猫のようなピアノ」の関係ですから。否、だからこそ「その日その日の互いの調子」で、音楽も音も大きく変わってくる。コンサート会場でそれをそのままにしておくことが、ピアノ、音楽、名曲そして彼女自身にとっても最も「自然」で「正直」で「謙虚」なことであると考えることは出来ないでしょうか？　もし「猫」も犬やイルカのように調教して芸をさせることが出来るのであれば、フジコさんもプロの調教師として、常に聴衆を満足させ得る芸をピアノにさせるに違いありません。つまりインタヴューの問いの本当の答えは、「私にとってピアノは、大きな猫」なのではないでしょうか？

もし私が彼女のようにピアノを弾けたならば、我が家の一番大きな猫が、その場その場その時々の移り変わりの中で、精一杯芸を見せることで他の猫たちを養うという姿を、とても嬉しく誇らしく、頼もしいと思うことでしょう。それを「道具だ」と言ってしまうところが、フジコさんの横柄なところであり、何処かで大衆の勝手な印象論に辟易としているところもあるのでしょうけれど。少なからずの人が「道具だなんて！　謙虚さの欠片もない！　思い上がりだ！」と憤慨《ふんがい》するかも知れませんが、むしろフジコさんが、ピアノとの長い付き合いの中で、猫のように愛し、頼もしく思っているからこそ出て来た言葉のように感じました。勿論ご本人に「全然違う！」と言われてしまえば、それまで。私も身勝手な印象で決めつける大衆の一人に過ぎないのでしょうけれど。

TRUTH 010 猫は嘘をつくか？

「猫は嘘をつくのか？」という疑問ですが、これまで述べて来ましたように、猫の心と思考の純粋さからすれば、「猫は決して嘘はつかない」「正直で純粋で素直な生き物である」ということになる筈《はず》です。ところが、これがそうでもないのです。極論で言ってしまえば、「猫は、しばしば嘘をつく」生き物なのです。ですが、やはりこれも、そもそも「嘘とは？」という提議、概念を確認しなければ、「猫の嘘」「猫にとって、嘘と本当（正直）とは？」は理解できません。

尤《もっと》も、人間の「嘘」に関しても、「嘘も方便」とか「自分には嘘をつかない（自分に正直）」とか、「本音と建前」など、曖昧《あいまい》な領域を弁護する言葉や観念が少なくなく、実のところ「嘘の提議と概念」は存在していないのです。その結果、「相手にとっては嘘でも自分にとっては嘘でなない」などというおかしな「ズレ」を作り出し、ことの真実を都合良く歪《ゆが》めてしまうことが多くあります。勿論《もちろん》、「客観的事実」などというものは幻想に過ぎませんから、「嘘ではないこと＝本当のこと」を「事実（真実）」とするならば。及び全てが「主観的事実」でしかないならば、「事実（真実）」など存在しない、ということになるのです。しかし、ここで肝腎なのは、「嘘」の反対の概念は、「事実（真実）」ではなく「正直」ということです。

従って、「猫はとても正直な生き物であるが、嘘もよくつくのだ」というおかしな説明が成り立ってしまうのです。これは、身勝手な人間の言う「自分に正直」ということと似ていますが、全く次元が異なります。勿論、猫の中には、人間の悪影響を受け易い子も居ますから、人間同様に、「利己・エゴに正直故に嘘つき」も少なくないことでしょう。私が目撃した、切ないほど愛くるしい「猫の嘘」は、「〇〇しているフリ」というものです。闘病が長引き厳しい中で、日々揺れ動く体調に応じて、「食べたくない」。「でも食べないと無理矢理口に入れられるし」と思う子が、「一生懸命食べている」と安心すれば、感動的なほどの名演技で、実は食べてない。見事な「食べているフリ」だったり、「薬を飲んだフリ」だったのです。「飲んだ？」と訊くと、目を丸くして「うん！」の表情を見せながら、実は、喉元に潜ませて置いて、私が去ったと見るや「ケッ！」と吐き出していることもしばしばでした。

CHAPTER 10

猫の幸福に関する10の疑問

TRUTH 001

猫は自由に野良・半外飼いが良い？

このテーマは、非常に重要であるにも拘《かかわ》らず、考え方や感じ方が、人それぞれで恐ろしく異なる為、極めてデリケートな問題となってしまい、その結果、一向に通論・常識が生まれないことで問題解決が先送りされてばかりという哀しい実態があります。結論から言えば、「猫にとって、自由に野外に出ること」は、最善最良であることは絶対的な事実です。何故ならば、猫にはガラス窓を通さない紫外線、太陽光の温かさ、新鮮な空気と風、微生物が豊かに育つ土に触れることが非常に大切であるからです。加えて、鼠や小鳥などの穀物を食べる生き物の「半消化穀類と消化酵素」及び「親善な肉と臓器」を摂ることも極めて重要です。しかも、それは「皿に盛られたご飯」ではなく、自分の全感覚と能力を発揮した狩りによって得るということも、消化、代謝に大きく寄与しているのです。しかし、これが健全・安全に得られない場合。そして、替わりに様々な問題がある場合は、この「最善最良の環境」を選択するか否か？　は、全く事情が変わって来ることは言うまでもありません。

まず、直に浴びる自然の太陽の恵みはおそらく問題なく、昔と変わりないことでしょう。しかし、「新鮮な空気と風」は大丈夫でしょうか？　愛猫の外出エリアは車が殆《ほとん》ど走っていないところでしょうか？　一酸化炭素や炭化水素、硫黄化合物に、ＰＭ（粒子状物質）が混ざれば当然地表近くに漂います。愛猫の呼吸器の高さ、地表から30㎝ほど、つまり地面を這いつくばって、テリトリーを巡回し、果たしてどれほど新鮮な空気と風を味わえているかを一度でも試す必要がありますね。そして、ついでに地面も間近に観察すると良いでしょう。果たして自然の香り高い土壌で、健康的に微生物が発育しているのかどうか？　それとも靴を履いている人間には気にならない有毒物質や怪我をさせるかも知れない細かなゴミなどは無いのか？　小鳥などの小動物はどうでしょうか？　近所の畑や田んぼは完全無農薬ですか？　減農薬と謳《うた》っていても、人間が食べるまでには何度も洗浄しますが、小鳥などが食べる時は最高濃度の状態です。その小鳥などを愛猫が食べてしまったら？　そして、都会の野良や半家猫の死因のトップが交通事故、次いで猫エイズ、猫白血病などの不治の感染症。中には、首輪を付けた半家猫でもキャリアは居ます。感染を知った後もそれまで通りに外に出しています。当然のように。なので野良が居なくて皆首輪を付けていても安心出来ません。このようなことを考えても尚、果たして「良き時代」の理想的な外の世界があるのかどうか？　実際のところ多くの方は、「本当は借家アパートはペット禁止なのだ」とか「サカリの時に『出せ！　出せ！』とうるさいのだ」とか「柱やソファーを引っ掻《か》き、あちこちに粗相をして困るのだ」などなどの人間本意な都合が本音だったりします。

TRUTH 002

猫保護の今までとこれからは?

保護猫（保護された猫のみならず、保護することをも含む）の最も有名で最も初期の例は、第十六代アメリカ大統領リンカーンが、南北戦争の前線視察の際、司令部で三頭の子猫を保護しホワイトハウスで育てたことでしょう。その後、アメリカ大統領の中の愛猫家の多くが、遠慮なく「ファーストキャット」を置くことが出来たのも、リンカーンの功績が大きいのかも知れません。

尤《もっと》も、太古の昔、リビヤ山猫を鼠取りの家畜にした時点でも、言わば「野良を保護」したのでしょうし、エジプト旧王朝（先王朝、古王朝、中王朝）で飼育が盛んになるBC四千年よりも昔、九千五百年前のキプロスの遺跡、九千五百年前のイスラエルの遺跡、七千年前の仏遺跡などで人間と共に（もしくは寄り添って）埋葬された猫の骨や、飼育の痕跡のいずれもが、何らかの理由（衰弱や大怪我など）で保護した山猫やその子猫が始まりだったに違いありません。

その後、避妊虚勢をしない時代ですから、山猫から「家猫（学名：Felis silvestris catus)」に変化した猫たちは、自然に増えて行き、野生や山猫性が強い子は家出した後帰って来なかったかも知れず、自然に「人間に寄り添う性質」が継承されて行ったのでしょう。

意図的に、「血統」を保とうとしたり、「品種」に価値を見出すようになったのは、BC千年頃に、エジプトからこっそり盗み出した猫たちを基にフェニキア人が北アフリカで黒猫を見出したのを特別な例外とすれば、「品種」として王族・貴族のステイタスになったのは、意外にも中国唐代の「唐猫（七～八世紀）」東南アジア・タイの「シャム猫（十四～十五世紀）」などアジアが先んじており、欧州王族・貴族がトルコ起源の「アンゴラ種」などを愛玩する十六世紀よりも早いとされています（ペルシア猫も同時代）。つまり、人間と猫の数千年の歴史の中で、殆《ほとん》どが「保護猫（およびその子孫）」であった。少なくとも「品種や血統」などは殆ど気にされなかった、ということなのです。

近現代の「保護猫及び猫保護活動のスタイル」は、大きく分けて「餌付け」「TNR／地域猫」「半外・半家飼い」「完全室内飼い」があり、近年では、「殺処分直前の保護」「ペットショップからの保護」という現代ならではの特殊な事情も含まれます。対象の猫は「生粋の野良子孫」「捨て猫で野良化した子やその子供」「捨て猫」「迷い猫」「半外飼い猫が衰弱や事故、喧嘩で怪我をした場合」などがあります。

「餌付け」は、公園や盛り場、路地裏などで、ほぼ決まった時間に「餌付け人」さんがFoodをあげることで、それに馴れ、それをアテにして野良たちが集まる、というスタイルです。全国各地に見られ、野良に対する人間の何らかのアプローチ、サポートとしては最も頭数が多いものと考えられます。この「餌付け」に共通しているテーマは、地域住民の中の「批判的な考え方の人間」「猫が嫌いな人間」の猛烈な反対、非難、時には妨害や誹謗中傷があることです。その結果「餌付け人」は、人目に触れないようにして「こっそり」Ｆｏｏｄをあげる哀しい姿が主になっています。愛猫家さんや、その他のスタイルの猫保護活動をする人々の批判的見解は「何故、避妊・虚勢手術を施さないのだ？」「何故、可愛そうな生涯の子を減らそうとしないのだ？」というものです。「餌付け人」さんの多くは、その事情を知りながら、ご自身の生活・経済力に余裕がない場合が少なくなく、それでも精一杯「Ｆｏｏｄだけは」と努力されている方々と思います。勿論《もちろん》、中には、「独善的」な意識の人も居ます。

この「餌付け」を発展させ、前述の「不幸な生涯の子を減らす方向性」が「ＴＮＲ／地域猫」です。Trap（トラップ：捕獲器）などで捕獲保護し、Neuter（ニューター：避妊・虚勢手術。獣医さんによっては、捕獲器越しに麻酔を掛けたりします）、Return（リターン：再度、捕獲した場所に戻す）という行動で、行政や獣医師会が、助成金を出していたりもします。避妊手術を施した後は、再度捕獲する必要が無いように、一方の耳先をカットし、遠目でもわかるようにします。

これとほぼ同じ活動ですが、その後の様子や、地域の猫の実態を、複数の住民たちで見守る「野良ではなく、地域で共存している猫」という保護の観念・観点で見守ることが「地域猫」の考え方のようです。「ＴＮＲ」を実施することで、ヴィジョンを得ていますので、反対派・猫嫌いの人々を説得することも比較的容易で、ある程度遠慮なく、また個人に負担が偏《かたよ》らずに「餌付け」を続けることが出来ます。

しかし、やはりこの理想型は、それほど多くの地域に広がっているとは思えません。「交通事故、人間からの虐待、猫同士の喧嘩、感染症」などの危険が多い都市部では進みつつあると思われますが、地方や郊外では、「まだまだ」といった状況でしょう。何しろ、地方都市や郊外では、「半外飼い」の方がまだまだ多い状況ですから、持ち主がはっきりしている猫や、中途半端に世話をする猫が、野良の世界に蔓延《はびこ》っている訳です。「TNR」も首輪をしていれば、捕獲器に入ってしまった場合、即リリースするしかありません。

いずれの「猫保護活動」でも、問題になるのが、人間の考え方、解釈に統一性も、正論も無いことです。突き詰めれば答えは自ずとひとつの方向に不偏的にまとまって行く筈《はず》なのですが、論理的な議論は一向に行われず、異なる感覚・価値観の感情論のぶつかり合いから進展しません。

TRUTH 003 猫は満腹感で幸せ？

私も、かなり長い期間、元気に勢い良く食べている、食欲旺盛だと「元気だ」「健康だ」と安心していたものです。勿論《もちろん》、その逆は、即刻対応すべき何かの問題が生じている筈《はず》ですが、「食欲がある」ということだけでは、健康かどうか？　問題は無いのか？　判断出来ないことを知り、愕然《がくぜん》としたものです。同様に、猫たちも、「お腹が一杯になれば満足＝幸せ」とも本当のところは単純には言えない筈です。

まず、「猫の幸せ」についてですが、猫であろうと「満足感」が得られれば、ある意味「幸福感」は得られるでしょうし、逆は人間よりも、辛く感じるかも知れません。というのも、猫は、「痛み、哀しみ、寂しさ」や、「状況が与える苦難、厳しさ」に対しては、かなり我慢強く、辛抱強く、頑張る生き物です。具体的には、「怪我の痛み、病気による発熱や各所の痛み」そして、「野良生活」に於《お》ける「暑さ、寒さ、ひもじさ、渇水」や「安心して休める場所も時間も無い」などに対してはかなり忍耐強く頑張ってしまいます。しかし家猫の場合、こちらが、とんでもない金欠事態に急に陥ろうとも「何でご飯が少ないのだ！」と思えば、それは「忍耐すべき時と場面」とは思っていないのですから、不平不満が募るのは当然です。また、ゆっくり休める場所が「来客」とか、新しい猫が来たとか、犬が来たなどで妨害されると、やはりそれも「忍耐」のスウィッチを入れるべき時とは思わないに違いありません。猫は納得出来ない不条理に怒り、哀しみを感じる筈です。

一方「空腹感」と「満足感」がどのように現れるか？　ということですが、健康な状態の場合、一定時間が経過すれば、自然の空腹感が生じ、ある程度の量を食べれば、自然に満足に至ります。

この時間と量を変えたいと思った時は、徐々に変えて行くと（半月〜一ヶ月以上掛けて）、猫の体も気持ちも順応してくれます。が、急《せ》くと大失敗に至ります。不満が募るばかりか、体を安定させる機能の軸がブレてしまい、一気に体調不良に陥ることも少なくありません。

ところが、この「健全な空腹感と満足感」の他に、「個体差の性格：競争意識」と「何らかの体の深刻な要望（SOS）」が加わると、必要以上に異常な「空腹感、食欲、欲求不満」を引き起こし、ひいては、それが悪循環の引き金になる場合があります。

具体的には、胃腸炎、肝炎、腎炎、膵《すい》炎などで、吸収・代謝が充分に行われていないような状態の時、猫の「本能的な直感」は、人間より遥かに「体の求め」を感じます。それは「量よりも質」であることは言うまでもありませんが、それよりもむしろ「与えるもの」の問題ではなく、「受け止める体の問題」を解決せねばならない、ということです。しかし、これに、「元々の性質」や「幼児期の飢餓体験」などのトラウマなどで、必要以上に「競争心」が強く、「急いで食べないと生き残れない」と刷り込んでしまったような子の場合、「事実、体が求めている」にそれが加わったり、実際は、体はさほど求めていないのに、意識ばかりが先走り、結局はそれで食べ過ぎたり、盗み喰いでおかしなものを食べてしまったりで、本当に消化器障害を起こしてしまったりします。

だから、療法食でも「満腹感サポート」というものがある訳です。しかし、主な効果・作用を得る為の成分は、胃腸で水分を得ることで膨らむような食物繊維ですので、基本的に「消化出来ないものは異物である」という原則からすれば、長期的には胃腸に弊害を与えるに違いありません。そもそも胃で感じる満腹感を満たした「量」の分は、その後の腸では過剰な負担になりかねないのではないでしょうか。

また、比較的安全に、充分な栄養素がバランス良く配合されていて、吸収し易い形が考慮されている良質のドライフードの場合、意外に少量で充分な筈なのですが、胃の中で膨張するまでの間、「食べ足りない！」と騒ぐ子は少なくありません。これも、一回量と回数や空き時間を計画的に考えて工夫し、徐々に理想に近づけたり、添加物や塩分、糖分や消化困難な成分（乳糖など）に注意した、食後あまり時間が経っていないタイミングの「おやつ」や「ミルク」などで、空腹感を減らし、満足感を増す方法が色々ある筈です。ドライフードを自家製魚スープ半分ほどでふやかすのも手だと思います。また、「食事の内容や量」の他に、食直前の運動などでも、健全な食欲が戻り、殺気立った食欲が改善する場合も多く、また体もより理想的な吸収・代謝に働くことがあると考えられます。いずれにしても、猫が食べたいだけ、満足するだけ、を与えることはある意味危険な行為と言うことは出来る筈ですし、「空腹の原因」もよく吟味する必要がある筈です。

TRUTH 004

猫は子離れ・親離れが早い？

そもそも「子離れ・親離れ」ということを、人間は、どれほどまで理解しているのでしょうか？　人間の場合、かなりバラツキがありますが、生後半年ほどで離乳が可能である反面、生後一年どころか二年以上までもの長い母乳による授乳が、子供の心の生育により良いという意見さえあります。勿論《もちろん》、二年前後全てを母乳ということではありませんが。つまり、人間という生き物は、授乳期は、「甘やかせば甘やかすほど、健全に育つ」ということなのです。ところが、逆に、二～三歳のいわゆる「第一次反抗期」には、「甘やかせば甘やかすほど、根性が歪む」ということがあります。この時期には、社会性の種を植え付けるというよりも「自我と他我」を認識させる必要があるので、昔のように周囲に世代が異なる人間（祖父母や叔父叔母、歳の離れた兄弟や近い兄弟）が多いこと、充分に叱られて物事の道理を学ぶことが健全な精神の発育を促します。その意味では、近年の「母乳は早々に切り上げる」「反抗期に叱れない上に、核家族」、勿論、保育園で保育師さんも滅多なことでは叱れません。そのまま幼稚園、小学校でも下手に叱れば「体罰」とかクレームを付けられ甘やかし放題。多くの経営者や部下を指導する立場の人々に「未完成な人間」であると強く印象付ける大人が増えて来ましたが、言わば「当然の成り行き」と言えます。

ところが、ここで少しややっこしいのは、「愛情」という感覚です。不思議なことに、サバンナの草食動物などで、母親が（何かが起きれば直ぐに逃げ出せるように）立ったまま出産し、文字通り産み落とされた子も、数分後には立ち上がるような動物の場合、授乳期でさえも「依存心」という感覚ではないように思えます。万が一、何かが起こって母親とはぐれでもすれば、それは即「死」を意味しますから、「依存心」とか「独立心」といった「心＝精神性」の問題ではないのです。

「生きるか死ぬか？」といった非常に明白な次元に於《お》いては、「依存心」などはあり得ない、と考えられるのです。さすれば、そこに「無用な愛情」も存在しないのです。つまり「依存心」と「執着心」と「愛情」は、セットになっている次元で存在し得るということです。

逆に、人間や猫のように、「独立自立も出来るが、依頼心も持ち得る」動物は、「依存・執着」から切り離された健全な「愛情」も持ち得るとともに、切り離されない不健全な「愛情」や混沌と入り交じった感情も持ち得るということです。その結果はしばしば面白いところに表出《ひょうしゅつ》します。狼が人間を育てる（授乳する）とか、猫が鼠を、猿が猪の赤ん坊を、などが報告されていますが、「授乳」という行為の基本にある、「衝動と快感」の作用を含めても、そこには、何らかの「保護本能」や「与える本能」「守る本能」がある筈《はず》です。それは「愛情」の重要な要素であることは言うまでもありません。

これらに対して、「群棲《ぐんせい》」の最たる姿を見せる一面の氷の世界に数万羽が群れるペンギンなどでは、どう見ても似たような子でさえも、「他者の子」には、ひと欠片の餌も一瞬のぬくもりも与えようとはしないどころか、残酷にも蹴《け》散《ち》らし追い払います。ところが我が子に対しては、自分は数日もろくに食べずに極寒の海を泳ぎ回り、なけなしの餌を与え、吹雪に耐えながら我が子を守り温めます。その極端な姿は、「愛情」という感覚とは大分違うのでは？ と思わざるを得ません。やはり「生きるか死ぬか」が際立った世界では、「愛情」は、存在し得ないのではないでしょうか。

これらのことを総合して考えるに、猫はまず「執着心・依存心」というものを持ちません。ごく近年、やや不安・心配な傾向も感じ始めて来ましたが、基本的に人間に対しても「信頼感」は強く抱いたとしても「依存心」はまず持たないと思われます。そのせいと思われますが、親猫も子猫も、半年もすれば親離れ・子離れをして、その後は、「個々の猫」として向かい合うのです。その上で「相性が良い」「気に入っている」「嫌いじゃない」「どちらかというと好き」「けっこう愛しい」などの見定め（好き嫌い）は、顕著《けんちょ》なようですが、そこには「血縁」は殆《ほとん》ど関係せず、結果論として「親子」「兄弟＝同胎」は「気が合い易い」ということはありますが、最優先される絶対条件ではないようです。

TRUTH 005

猫種や色柄による性格の違いとは？

猫の品種（血統）や色柄（遺伝）によって性質・性格に大まかな傾向があることは、多くのご家族（飼い主／オーナー）も獣医先生もよくおっしゃいます。私もこれは大いに実感するところであり、決して決めつけ先入観は持たないように心がけていますが、「やっぱりな」と思うところも多くあり、それは野良の扱い、向かい合いの基本にもなっています。基本があれば個体差や状況、環境、時間の変化が相対的によくわかり見えて来るものでもあります。

●シャム系

一般に、「シャム血統、及びシャム系雑種」は、見ての通り「気位《きぐらい》が高く神経質で我が儘《わがまま》」と言われますが、私は四頭しか経験がないのでなんとも言えません。その四頭の内、純血血統証の一頭は、実に温和な子でした。繊細ですが、それが利己的でなく、他者（我が子や人間、一緒に暮らしていた犬たち）への優しい気配りという形に出ていました。それは、四頭に総じて言える「聡明さ」の為せるものではないか、と私の中では結論が出ています。

●三毛猫

我が家では、見た目は「正に三毛猫」という姉妹がいますが、一頭は、短尾で丸顔、短顎で、もう一頭は長尾、細顔です。通説では「三毛の遺伝子が雌に出た場合の結果」と言われますから、雌に出た二頭は、そこそこ自然な「三毛」なのでしょう。姉妹に共通している性質は、独立自立心が強く、気位が高く、警戒心が強く、あまり甘え上手ではありません。別な子で、母猫と兄猫がグレータビー（鯖虎）なのに、その雌は、いわゆる「パステル三毛」の子は、比較的鼻《はな》顎《あご》が短く、短尾で、やはり前述の三毛姉妹と性格は非常に似通っています。怪我をした時に保護した子は、珍しい「雄のパステル三毛」です。確かに三色なのですが、パステルですから「希少な雄の三毛」には当たらないのでしょうが、驚くべき知能と叡智《えいち》、優しさ奥ゆかしさ聡明さの持ち主で、彼についての話だけで一冊の本になりそうなほど、感動的な出来事が多い凄い子です。

●オレンジ・タビー

「三毛の遺伝子が雄に出た場合」と言われるオレンジ・タビーの我が家の二頭は、一般に言われる「我が儘、図太い、身勝手、あまり賢くない」という評判にいずれも反しています。どちらもかなり賢く、気持ちも心も通じますし、かなり聡明で、ドアや扉を開けてしまう名人でもあります。一方は、幼児期のトラウマを抱えているのか？　幾分《いくぶん》神経質ですが、一方は、賢い割におっとりしています。どちらもかなりの大型で、完全な肥満ではないのですが、５kgは優にあります。尻尾《しっぽ》の先は、微妙に折れ曲がっています。

●サビ猫

縞模様が無く、三〜四色が、言わば汚く混じっている「サビ猫」は、二頭しか知りませんが、性格が両極端なので、総じた印象を持ちにくいところがあります。一頭は、身重なのに、道端ですり寄って来て、そのまま自転車の籠に載せて連れ帰ったほどの「人懐っこさ」「おっとりとした性格」です。もう一方は、小柄で、やはり何かハンデを背負っているのでしょう。二〜三年経つのに、やっと撫《な》でさせるようになったほど警戒心が強い子で、その割には「ご飯！ご飯！」ともの凄くうるさい子です。

●黒猫

黒猫は、短尾の母息子二頭と、長尾の一頭が居ました。黒猫と言えば東西の作家さんの多くのテーマに挙げられていますが、我が家の短尾の黒猫はとても人懐っこく、抱かれる時には縦になってひっつく、あの竹久夢路さんの絵の通りになるので、初めての時にはたいそう感動したことがあります。長尾の子は、野良がなかなか抜けず、気を抜くと「甘噛み」ならぬ「本噛み」されて指に穴が開く始末。総じて「気位が高く自分の感性を譲らない」。しかし、短尾はかなり人間の言葉を理解しましたから、知性は素晴らしいのだろうと思います。

●白猫

対して、白猫は、切なく可愛くも「お馬鹿」が多い印象です。二母から五頭の雄雌が生まれてしまったので、総勢七頭。他に殆《ほとん》ど白の白黒斑も居ますが、いずれも「お馬鹿さん」です。自分のことしか考えず、ご飯が待ち切れずにＦｏｏｄを盛っている最中に手で引っ張って皿ごと床にばらまくこと、月に何回か。良く言えば切り替えが早く、「何？」と思うほど甘えて来たと思えば、また「ぷいっ！」と何処かに行ってしまう。一頭がシャムと同じブルーで、白の一頭と斑《まだら》が「オッドアイ」、一方がブルーで、一方が薄いグリーン掛かった金色です。幸いに視覚障害は、「若干あるか？」程度です。「お馬鹿」は、よく言われる知能障害とは別物のように思います。それでもパソコン中にデスクに飛び乗って来てさんざん叱られた後は、「そーっ」と近づいて来たり、小さく「お膝良い？」と訊いてから乗って来たりで、知能は決して悪くはないようです。

●マントとソックス

人懐っこさでは、「黒マント」と「白ソックス」が断然上位に思います。初めて訪れた場所の半外飼いの子でも上手に抱かれたりします。私が「黒マント」と勝手に分類している子は、上から見ると殆ど黒猫で、お腹が白が多いので、「イルカ柄」とも言える感じです。「黒マント」は、三頭居ますが、一頭の雌はやや「恐がりで甘え下手」ですが、雄は何時《いつ》も「でろでろ」に甘えます。「白ソックス」は、上からですと殆ど「雉虎《きじとら》」なのですが、手足の途中から「長い白い靴下」を履いたような感じになっています。雄も雌も「甘え上手」ですが、かなりの「マイペース」でもあって、時々「つれない」性格です。パニックになることも、自分の意思意識で頭が一杯になることもなく余裕があって、病気をしても比較的早く快癒する傾向が見られます。

●虎猫

普通の条件下では、一番多いと思われる「雉虎」と「鯖虎」は、色々な意味で安定した近代日本猫なのではないでしょうか。特に黒っぽさが強い「焦げ茶の雉虎」は、野良の場合、とても逞《たくま》しく、抵抗力も強いように思います。我が家で生まれた子の場合、雄で早めに虚勢してしまうと、若干尿路系のトラブルが多いような印象です。いずれもほどほどに賢く、ほどほどに甘え上手で、比較的丈夫な印象です。同じ「雉虎」でも、色が薄い子たちは、雌に多く、若干「神経質」で「我が儘」「マイペース」な感じです。「鯖虎」は、雌は、「気位が高く、神経質」若干循環器系、消化器系が弱い傾向にあります。

獣医先生も異口同音におっしゃるのが、「アビシニアン系」と「ベンガル系」の子たちの「パニックになり易い傾向」は、治療が難しい、一度「嫌《いや》！」と思うとその記憶がなかなか抜けず、騙し騙し薬を飲ませたり、ケージに入れたりが通用しません。胃腸系も弱い傾向にあります。知能はそうとう高く、言葉もよく理解し、扉開けや盗み喰いの名人でもあります。

TRUTH 006

喜びを表す喉音と尻尾の表現の疑問

私たちが「ぐるぐる言っている」と表現する「猫の喉音《のど》（喉鳴らし）」ですが、その発声メカニズムも、理由も意味も、未だに確定的な学説は無いようです。かなり科学的な検証を行ったと思われる説では、脳の視床下部辺りからの神経的な指令によって、声帯の筋肉が急速に収縮膨張を繰り返し、振動を発生させるということらしいのですが、声帯を失った猫でも横隔膜《おうかくまく》の振動で「喉音」を出すことが出来た、などの反論もあるようです。

また、「喉音」の低周波によって「猫の骨が丈夫になる」とか、「免疫機能を向上させる」などの説も意外に有力視されています。いずれにしても、殆《ほとん》どの場合「嬉しい、気分が良い、リラックスしている」時に鳴らされ、私たちの膝の上などで「揉み揉み」の仕草をしている時や、顎《あご》や首筋のお気に入りを撫《な》でて貰ったり、掻《か》いて貰ったりしている時に鳴りますから、猫自身も「労《いたわ》られ・癒《いや》され」それによって、私たちも「労られ・癒される」訳です。実は、この「相互関係の相乗効果」は、猫と人間の間でとても重要なテーマであると考えますが、後項にて少し詳しく述べさせて頂きます。

様々な仮説に通じているのが、私たちでもわかる「呼吸の吸う吐くと連動していること」と「必ずしも嬉しい時ばかりではない」ということで、かなり具合が悪い時や、恐怖を感じている時でも「鳴った」という報告があるようです。しかし、この「具合が悪い時」「危篤《きとく》状態の時」の報告からの推測は、あくまでも結果論であり、「喉音」の意味や意図（目的）を類推しているものではありません。否、より正確に言えば、様々な仮説は、実は「不随意《ふずいい》である」ということでなんとなく共通しているのです。が、私は（個体差もあるでしょうけれど）かなり「意図的＝随意」ではないか？　と考えています。

まず、「不随意」であるということは、「嬉しい」が「リラックス」と連動した時に、自然に（言わば条件反射で）出てしまうことで、前述の解剖学的な検証によって、ほぼ定説化しています。確かに、殆どの場合、その通りなのでしょう。しかし、「ぐるぐる」の最中に、何かの物音で、そっちに切り替えて集中したり警戒したりして、ほどなく「なんだ」と安心すると、また「ぐるぐる」モードに戻ることはよくあります。不随意に自然にそうなるにしても、かなり「入り易いスウィッチ」であることがわかります。また、個体差でも「音の大きさ」や、「持続性」がけっこうあることから、個体による「心の状態、性格」にかなり左右されることがわかります。つまり、「臆病、神経質、我が儘で、甘え下手」の子はなかなか「ぐるぐる」言いません。ということは、「不随意＝自然に」とは言っても、かなり「精神状態」と密接に連動しているということです。ならば、必ずしも「制御不可能」とは限らないのではないか？　ということです。

TRUTH 007

猫は孤独を愛する？

「猫は孤独を好む」とか「猫は孤独を愛する生き物だ」などという意見を、けっこう頻繁に聞くことがあります。私の経験では、この解釈は、「遠からずとも当たらず」といった感じです。

まず、この解釈が「群棲性《ぐんせい》の強い人間」によって「孤独を喜ばない感覚」で言われていることを検証すべきでしょう。人間に置き換えてみて「男は、酒と女をこよなく愛する生き物だ」と言われて果たしてどう思うか考えてみて下さい。少なくとも、お酒が飲めない男性で、女性のことよりも、文学や学術研究や職人芸に命を掛けているような人は、このような言葉をわざわざ言うことはないでしょう。逆に、「猫は孤独を好む」という言葉を、愛猫家さんが言った場合はどうでしょうか？　この場合は、幾つかのパターンが考えられます。そうおっしゃった愛猫家さんご自身が、「他人との関わりがおっくうだから独りが良い（だから猫を見ていて共感する）」「他人との関わりは嫌《いや》ではないが、自分だけの時間が無いと駄目（だからべたべたしないでくれる猫は助かる）」「他人との関わりが無いと、自分を見失ってしまうから、独りはあり得ない（猫を飼うのも家で独りでは居られないから）」などの程度の違いがあると考えられます。

尤《もっと》も、三番目が猫好きなのだろうか？　という疑問も残りますが、実際知り合いにも、相談者さんにも何人か居ました。

しかし、いずれのパターンであろうとも、「群棲」のしがらみから生じたご自身の「生き辛さ」「他者との関わりの面倒さ」が見て取れます。三番目は、「他者との関わりが好きだ」ということではなく、「自分との向かい合い」を何らかの理由（潜在的な意識）で、拒否（逃げ）しているからに他なりません。これは「自意識が強烈な場合」によく見られることで、やはり「群棲能力」の問題と言えます。

改めて念を押しておきたいのですが、「独立棲」の猫や、「独立棲が出来る可能性の高いタイプの人（自律・克己心・自制心が強く自発的、自分の物差しがある）」は、「群棲」も不可能ではないのです。が、逆に「群棲しか出来ない人」及び「独立棲が出来ない人」は、「群棲」するしか生きて行けないのです。前述の三番目の「自意識過剰」のタイプは、「独りになって『自分自身と二人っきり』になることが怖い」のであって、哀しい矛盾ですが、「群棲が相応しい」のではなく、「群棲」しか術が無いということなのです。つまり、先に挙げました三種とも「群棲しかないが、群棲能力が低い人間である」と言えます。実は人間の殆《ほとん》どが、内面的には「群棲が不得意で、本音では面倒くさい」のだろうと思われます。そう考えると、どのタイプの人間が発言しようとも、「猫は孤独を愛する」という言葉には、少なからずの「敬意」と「憧れ」、場合によっては「羨ましい想い」が込められていると考えることが出来るのです。

しかし、それならばそれで、結局のところ人間の殆《ほとん》どは、猫のこと、猫の気持ちをちっともわかっていないのです。実は猫は、もの凄く「寂しがり屋」なのです。しかし、猫は、その「寂しさ」を、「群棲」によって、「紛らわし」をすることを好まないのです。猫は、それが「嘘」であることを知っているからです。

「人間は、結局は自分独りだ」とか、「人間は誰しも最期は自分独り、孤独な存在である」などと言われることがありますが、そうおっしゃった人は果たして本当にわかっているのか？　悟ったのか？　よくはわかりませんが、言っていることは、かなり事実なのだろうと思います。何故ならば、このテーマを考える上で、人間の生き方を大きくふたつに大別した、「他者に依存して生きる」と、「自律心、克己心を強くもって自立して生きる」の二種類のどちらにとっても、人間は、基本的に「孤独」であるからです。

前者の生き方は、常に他者の存在を必要としており、後者は必ずしもそうではない。その為前者は「自分は孤独ではなく、人の存在を求め、認め、大切にしている」と解釈し、後者は、おそらくその問題を「考えないようにしている」のでしょう。そして、しばしば「独りよがり、自己解決、独善的、頑固者」と誤解されたり、決めつけられたりし、「他者の存在の有り難みを知らない」と言われるかも知れません。しかし、前者の「強烈な依存心」の場合、依存対象を奪うと、かなりうろたえ、時にはパニックになります。が、「代わりの存在（依存対象）」を与えると、「けろっ」と平常に戻ることがあるのです。依存対象は人間ばかりとは限りません。「仕事」や「興味、趣味」「スポーツ観戦」や「タレントの応援」「読書」「自分の体を鍛えること」「過食」「アルコール」様々です。そして、どれかを取り上げれば、ほどなく代わりを見つけ出します。勿論《もちろん》それが出来ずに世をはかなんでしまう場合もありますが。蜘蛛《くも》が巣を破かれてもまた巣を張り、蓑《みの》を奪って壊しても蓑虫がまた蓑を作るようなものです。そう考えると、むしろ前者が他者に思う想いとは、果たしてそれは純粋な人間愛や慈愛なのか？ と疑問が沸いて来ます。むしろ、後者のタイプのような人に見られた愛情の方が「信用出来る」となるのではないでしょうか。そして猫は、後者のタイプなのです。

TRUTH 008 猫は自由を愛する？

「猫は自由を愛する」という言葉もしばしば聞かされますが、「猫はマイペースな生き物だ」「猫は勝手気ままな生き物だ」という評価を少し（かなり？）美しく表現しただけのものかも知れません。また、前項で述べました、「孤独と向き合うのが嫌《いや》な人間」が、尊敬、憧れ、羨ましい気持ちを込めて言ったのかも知れません。しかし、これも「そもそも自由とは何か？」をしっかり考えないことには、「猫にとっての自由」を理解することは出来ません。

話は一旦「飛んだ？」ように思われるかも知れませんが、「幼稚と子供っぽさ」の違いがわからなくなった人が多くなったように思います。「幼稚」は、物事の道理や、大きな流れの中での自己存在がわからずに、自分のエゴや利己、我が儘《わがまま》を押し通したいという精神を意味するとともに、飽くなき欲望を制御出来ない状態を意味します。それに対し「子供っぽさ」は、純情さを保っている、残している、素敵な姿を言った筈《はず》なのです。そして、この「幼稚と子供っぽさ」の違いこそが「自由の理解と実現」に大きく関係しています。

例えば、実際の子供は「幼稚さと子供っぽさが同居した存在」であることは言うまでもありません。しかし、それが成長するに従って、「社会性」が増し「幼稚ではなくなる」けれど「純粋さ」を失う場合と、失わない場合があり得ます。つまり、「エゴ、利己的、我が儘」と「純粋さ」は、本来「必然的な同居（セット）」ではない、ということです。言い換えれば、エゴが抑圧されると純粋さが無くなるような「純粋さ」は、元々さほどの「純粋さ」ではなかったということです。何故ならば、それは「対外的・条件的にしか自由を実感出来ない」基本的な性質や感じ方が存在するということだからです。言い換えれば、そのような感覚にとって「自由」とは「エゴの主張」の上にしか存在しないということです。この感覚は、人間にとても多く見られるとともに、そのような人間と長く暮らした猫にも多く見られます。

ところが、猫は、本来は「自由」を「外的要因や条件」に関わらず、内面的に持つという「自律心、克己心」に長けた精神性を持っている生き物です。それは、猫が物事を「他者（他人、他猫、現象、環境、条件など）」のせいにせず、全て運命・宿命として受け止めているからであり、それと同時に、「自由」をそれらに関係させず、別物として守る強さを持っているということです。これは、昔の人間には比較的多く見られました。この精神性は「自由」の他に、「理念」「志」「正義感」「使命感」に関しても同様に感じ、考え、実践出来るものでした。

よりわかり易く言いますと。「勉強（向学心、向上心）したいが、良い条件（良い学校、良い教材）が無いからしたくなくなった」とか、「良い人間になりたいが、周りが悪い奴ばかりだから出来ない」とか、「交通ルールを守りたいが、周りが皆守らないから出来ない」などなど、常に「他者のせい」にしている精神性で、これは現代人の殆《ほとん》どに蔓延《まんえん》しています。しかし、昔の人には、「周りに自分やその意識を壊されたり奪われたり譲り渡したりしたくない」と、「守る」意識がより多くあった、ということです。もうおわかりと思いますが、「猫」は、基本的にそのような精神性の生き物なのです、が、そのオーナー／飼い主が、「他者のせいにしたがる」場合、影響を受けてしまうことは少なくありません。

このテーマを考えずに、猫や人間の総論も、個々の人間、個々の猫の様子も、「自由を愛するか否か？」を単純に論じることは出来ません。否、逆説的に答えはシンプルかも知れません。自分の「欲や我が儘」を満たす為に「好きなだけ食べたい、欲しい、勝手にしたい」人間やその影響を受けた猫が、「そう出来る自由を愛している」と主張しても、それは「自由を愛す」というより、それ以前に「自分（とその我が儘をしたい衝動）を愛している」に他ならないからです。これに対し、他者のせいにせず、外因に極力振り回されずに「自由」を持ち続ける精神性の方が、遥かに「自由を愛している（慈しみ大切にしている）」ことは紛れも無いことです。

TRUTH 009 もし猫が人間になったら？

「もし猫が人間になったら？」それは素晴らしい精神性の惚れ惚れする人間であり、理想的な社会を創るに違いありません。が、その一方で、共同作業に於《お》ける「役割分担」などが苦手、「社会と個人」または、「個人間」の「契約」や「共通の尺度（通貨、度量法など）」を確立するのが難しいなどの「社会性、協調性」には欠ける可能性は大きいでしょう。しかし「弱者救済、保護、支援」には優れており、「人種差別、偏見、身分階級格差」はまずしないなど、「社会福祉と公共性」は、むしろ人間社会より純粋に実行される可能性は極めて高いと考えられます。

しかし、「契約」が成り立たない限り「法律」も構築維持し難く、そもそも「立法」もその為の「議会運営」も「代議員制度」も難しいかも知れません。しかし、だからと言って「力づく」で物事を決めるのではなく、仮に「ボス猫会議」のような「代議員制度」が出来たとして、「全員賛成」でなければ、決して可決されないという厳しい掟を遵守することでしょう。しかも、それは「賛成多数派」でさえも、「ひとりでも反対がいたら否決だ」と考えるほど潔い価値観であることでしょう。そんな猫たちの「猫の集会」について、最近話題に上ることが多くなって来ました。未だに諸説色々ありますが、人間社会の中で、多分にテリトリーを共有せざるを得なくなった場合、しばしば「顔見せの集い」を行って、何処かで「出喰わした」時に無益な喧嘩にならないように互いで「無言の確認と了解」を行っているのだ、というのがほぼ定説になっているようです。それはとても納得がいきます。

つまり、「猫は常に進化している」生き物なのです。これは、本来人間も同じだった筈《はず》です。人間や猫以外の生き物も、「生き残り・自然淘汰」の試練によって「やむを得ず進化」する場合は当然少なくありません。しかし、多くの場合「何代」にも渡って徐々にです。そして、「個々の意思」でその進化を選択したとも言い難いものがあります。

人間と猫は、基本点に「探究心と向上心」が強いのです。また、それを「制御」する為の「自律心、克己心」も豊かなのです。しかし、人間は、この数十年で恐ろしいレベルにまでそれらを退化させてしまいました。よくよく考えれば、それ以前の数百年でさえも、その能力の殆《ほと》どは、「自分たちの集団（国家や民族）の利益を増す為」に遣われ、社会・世界・地球全体の為には殆ど活用しませんでした。

一方、猫は基本的に「樹に捕われず森を観る」生き物です。勿論《もちろん》、何らかの絶対的なハンデを負っているが為に、「利己的」になっている猫も少なくないかも知れません。しかし、その多くは、人間社会の様々な歪み（公害、自然破壊、交通事故など）が原因であり、猫はその問題を「群れ」に対して告発し改善を要求することがないのですから、必然的に「自分の問題は自分で解決する」となり、結果的に「利己的」にならざるを得ないのです。

「樹に捕われずに森を観る」感覚・感性・叡智《えいち》・価値観に於いては、「全体の利益は個々の利益に繫がる」のは当然の感覚です。逆に、人間は、数千年、その簡単な基本をないがしろにし続けて来た訳なのです。

TRUTH 010

猫にとっての幸せとは？

私たち愛猫家を自称する者は等しく、「愛猫の健康」と「愛猫の幸せ」について考えない日は無い筈《はず》です。その想いに応えようと猫たちは、健気に薬を飲み、お医者さんの診察台でも頑張り、そして、すやすやと心地良さそうに昼寝をしていてくれるのです。

最終章、最終項ですが。やはりここでも「幸せ」の概念を再考しつつ、猫の性質と考え方をしっかりと理解しないことには、私たちの都合の良い思い込みであってしまったら何もなりません。ここでは、「幸せの概念」よりも先に、「猫の心の段階」を再度お考え頂きたいと思います。「考え、想い」は第九章・第三項、「心の成長」については、第三章・第十項でも述べましたが、改めてまとめを考えてみたいと思います。
まず、何度も申し上げていますが、猫ほどの「叡智《えいち》」に富み、聡明な生き物であっても、心と体の奥底に秘められた何らかの問題が在ると、その心、想い、思考は、「素直」にならず、「頑《かたく》なになってしまいます。従って、その段階は、以下のようになると思われます。

段階4「生きることで必死：利己的、我が儘《わがまま》、自分勝手」
心と体の奥底に、何らかの問題を抱えていると思われます。

段階3「人間嫌い（不信）・猫嫌い：つれない、甘えない、マイペース」
何らかのトラウマを抱えていると思われますが、心までは荒んでいない場合。逆の表出で「甘え上手」もありますが、やはり何処か身勝手です。

段階2「安定した猫状態：真面目、寡黙、自律、自立②」
マイペースではありますが、普通によく甘え、普通にのんびりしています。体も比較的健康で、トラウマも無いか、解かれているのでしょう。

段階1「安定した猫状態：真面目、寡黙、自律、自立①」
外から見てもわかりませんが、内面に強い使命感を抱いている場合です。その目つきは常に聡明です。自らが病気を抱えている場合でも、人間や周りの猫の誰かのことを常に深く想い考えています。身代わりになって逝ってしまうこともあれば、とうに天寿を越しているので、心配のあまり逝けないで頑張ってしまうことも。

このような段階は、同じ猫の同じ今生《こんじょう》でも、長く生きることで段階を一気に駆け上がることも在るようです。それは、元来、叡智に富み聡明であるところに、何度も述べました「切り替えの妙（ぐだぐだ引きずらない）」が為であることと、人間の五倍のスピードで時を駆け抜けます上に、人間のような「死を恐れて考えない」という卑怯な逃げをしませんので、「時間」を大切にしているからであると思います。

洋の東西で昔から（特に日本の民話・伝承で）、「猫が人間の言葉を喋った」というのがあり、その理由を猫に尋ねると「猫は皆、何年か人間と暮らしていると喋れるようになるのです」とか、時には「狐と関わった猫は、何年もせずに、喋れるようになるのです」と答えたという話が、異なる地方で共通しています。この場合の「狐」とは、霊的なものや精霊のようなものの象徴とも考えられますし、「猫の神様」のことかも知れません。また、別な説明では、「輪廻《りんね》」を積み重ねて来た為に、生まれながらにして「徳（業）」が高いことが、聡明さと宿命を感じる。「魂」の声を聞く力に長けている、という解釈もあるようです。

このような「段階1」の猫にとっては、おいしいご飯をたらふく食べて、のんびり健やかに昼寝をすることが「幸せ」であるとは限りません。何しろ自分がハンデを背負っていても、「宿命・使命」を優先に考えてしまっているのですから。そして、「段階2」の猫の場合も、グラデーションで「段階1」に至る過渡期にある場合もありますから、「人間との心の通い合い」は、大きなテーマであり、強く望んでおり、少しでも得られれば、なお一層それを強く望む筈です。

猫が人間に望むもの。それは、猫が神様の命を受けて、人間に寄り添って生きることを始めた、古代エジプトの旧王朝時代の心、思考、価値観、論理を、人間が思い出してくれること、それに尽きるのです。つまり、「悟性」を取り戻すことです。

エジプト旧王朝時代の人間は、猫を恐ろしい女神として崇めながら、共に墓に埋葬したり、猫の為の墓に弔《とむら》ったりして、大層手厚く、そして愛しく可愛がりました。つまり、こよなく愛することと、畏怖《いふ》の念、尊敬の念を同時に持ち合わせることが当たり前に（全ての人間が）出来たのです。そのような人間は、猫のみならず、全ての生き物のこと、そして「自然と神と、地球のこと」「森羅万象」を常に忘れること無く感じながら、地球の住民のひとつとして謙虚に生きて来たのです。ところが新王朝以降は、恐ろしい猫の女神を優しい母性と守護の神に変えて歪《ゆが》めてしまい、人間は急速に「楽する為に都合の良いもの」だけを求めるようになりました。

その後の人間たちは、世界のあちこちで「群れ」の威光を頼りにやりたい放題。人間同士の競い合いの為に山を削り森を切り倒し、海や河を掘り返して埋め立てる。地球が地下深くしまい込んだ老廃物、危険物、毒物を掘り返して太陽に代わる力を得て、猫女神の母である太陽神をも激怒させました。地球は表面もボロボロ、中身もズタズタです。そうして物質的に豊になればなるほど、人間自身は「比較意識、優越・劣等感、被害者意識、自尊心」などの「群れの感情」ばかりを際立たせ、「心」は荒《すさ》み、頑《かたく》なになり、思考は心を守る力を失い、気分と感情で外からの刺激にヒステリックに反応するだけの、野獣の方向に進むばかりとなりました。

猫たちには、その姿が哀しく、痛いほどよく見えるに違いありません。そして、日々、四六時中、人間のそのような淀《よど》んだ「気」や「オーラ」や「念」などが、飛び交う銃撃戦の戦場の中を生きて行かねばならないのです。

勿論《もちろん》、猫の段階によっては、いわゆる「飼い主」が、せめて一人でも、そのようなやましき思い「比較意識、優越・劣等感、被害者意識、自尊心」などを捨ててくれて、自身のみならず、他の猫や自分亡き後に来るかも知れない猫の為になってくれ、と願っているかも知れません。が、徳の高い猫は、それでは満足せず、「飼い主」から周りの人間へ、その決意を広げて欲しいと願っているに違いありません。

その想いが少しでも「飼い主」に伝われば、少しだけ猫は「安心と幸せ」を感じるかも知れません。そして、天寿を全《まっと》うした後は、少しでも早く同じこの家に生まれ帰って来よう、そしてまた、同じこの「飼い主」を応援して、一時でも早く全ての人間たちが気づいて変わってくれるように、また頑張って働きたいと思ってくれるのかも知れないのです。

あとがき

「とうとう」猫の本を出して頂けることが出来ました。否、念願叶ってのことであるならば「やっと」なのでしょうか。でも、たかだか二十年弱。「やっと」と言うほどの経験ではありません。幾ら猫の「人間の五倍のスピード」に追いつこうと、日々数時間の「猫睡眠」で頑張ろうとも。

助からず逝ってしまった子を抱きかかえる度に、自らの力不足と勉強不足を悔い、責めるのみです。「ああ、このことがあと半年早くわかっていれば」「ああ、もっと自信を持ってどんどんやっていれば」と。

二十年前に、「今からでも猛勉強して獣医さんになれないだろうか?」と本気で考えたことがあります。そんな時に限って本業が忙しくなってしまって、ささやかな夢が忙殺されてしまえば、その後は不景気続きで、猫たちのご飯代を得るのに必死の有様。そんなある日、夢を振り返ってみれば「ふっ」と気づいたことがあります。私がもし獣医さんだったら、きっと医学の後ろ盾を誇りに思い、冷静さと客観性を保って、自信を持って「人様の猫」と向かい合えたのだろう、と。逆に言えば、我が子のこと。どんなに学んでも、どれほど確証を得たとしても、「足りた」「大丈夫だ」と胸を張って「おろおろ」しない日が来ることは決してないのだろうと。

本書は、そんな想いのご家族（飼い主／オーナーさん）の為に書かせて頂きました。勿論《もちろん》、より多くの猫たちの為に……という美し気な言い方も出来ますが。

何よりもまずご家族を励ましたいのです。振り返って、今よりもっと「おろおろ」していた日々は、本当に辛かったから。お医者さまは、医学の定説をおっしゃるばかりで、「助からんもんは助からん」的なお言葉ばかり。ネットで検索しても、「あっ！　これならば！」と飛びつきそうになってよく見れば、「売らんかな」の宣伝文句ばかり。それでも十にひとつでも「アタリ」があればと買い漁りましたが。そんな孤独な試行錯誤の数年を経て、何時の間にか「猫専門家不信」に陥っていた時期があります。こんなに日々新発見があるのに。こんなに日々反省と後悔と自責の連続なのに、何故「私は猫のことがよくわかっている」と自信満々におっしゃる人が居るのだろう？　と。

そうこうしている間に、感覚がやや猫的になって来たのでしょうか？　人間社会の全てが、定説だ、通説だ、常識だ、基本だ当たり前だと言ったかと思うと、「ころっ」と話が変わる。まるで「右だ！　左だ！　いややはり右だ！」と、人間全体で「あみだくじの迷路」に入り込んでいるような感じです。

当の猫は、「道に迷わない」と言います。と言いますか、そもそも「道を信じていない」のでしょう。道に振り回されたり、遠回りになるよりは、誰の家の垣根であろうと庭であろうと、最短距離をひたすらに進むのみ。だから、のんびり「ひなたぼっこ」の余裕も得られる。

そんな私がこうして、まるで「猫のことがわかっている」かのような本を書いてしまった訳です。「猫に関する疑問」とさせて頂いたのは、世の定説に対する疑問という身のほど知らずの問い掛けもあれば、私たち家族にとっても、尽きない疑問であるという意味もあるのですが。


とある国で、道に迷って土地の人に訊いてみれば、「ああ、それならあの道を」ではない、とんでもない教え方をするのです。「ああ、そのような建物がある場所と言ったら、あの辺りだな恐らく」と。「って、アナタ知らないなら知らないって直ぐに言って下さいよ！」「他に知っている人を探しますから！」。道順を訊かれて知りもしないのに、その時その場で考えるなんてこと、日本人の感覚ではあり得ない！　と驚嘆したのです。もしからしたら、あの人は、「猫？」だったのかも知れません。否、何処かで道をそもそも間違えて、「猫の国」に入り込んでいたのかも知れません。

しかしその国では、何時《いっ》も何処でもそんな調子。いわゆる「発展途上国」ですから、橋は台風で壊される流される。水道管は破裂して通れない。人々は、「道」を信用していないのです。

だから、猫のように「道を知らず地理が頭に入っている」のです。「樹（道）を見て森（地理）を観ない」日本人とは全く逆さま。紛れもなく「猫（のような人間）の国」だったのです。豊かさというものが、どれほど人間を愚《おろ》かにさせることか？　そう感じるのは豊かな国の人間の思い上がった感覚のせいでしょうか？

もしかしたら、本書を手に取って下さった方の多くも「だから！　何をどうすれば一番良いのさ！」と「答え」を求める想いが強いかも知れません。私もずっとそうでした。仮にも何かを提示する立場としては「○○らしい」「○○かも知れない」では済まされないのだ、とも思います。しかし、想いを改めてよくよく読んで下されば、「道順」の答えは直ぐに得られなくとも、「地理」は、以前よりわかるようになって下さったのでは？　と心から望み、期待する次第です。

それこそが、私を含め、「全身医療、自然治癒力、恒常性のバランス」「命の神秘と謎」の入り口に立っているという状態なのでは？　と。

最後になりましたが、本書の出版に、あり得ないご尽力と、多大な応援、ご支援を下さりました評論家の三浦小太郎さまに、心より御礼を申し上げます。ありがとうございました。今までのご専門から外れる猫のことなのに、心からご関心を抱いて下さり、遂には、多大なご無理を強いて出版に至らして下さいました。

また、数々のご便宜と努力を惜しまず支えてくれました、かざひの文庫の磐崎さまにも御礼申し上げます。そして、本書を書店で手に取って、レジに持って行って下さった、多くの猫好きさんにも深く御礼申し上げます。

また、私の不勉強に呆れながらも根気良く教え続けて下さりました、「Holistic Animal Care」の世界的な先駆である米国Azmira社の日本総代理、加藤社長。同じく、米国の先駆者グレゴリー・ティルフォード氏の御著書を訳され、氏ブレンドのペットの為の西洋生薬（ハーブ）サプリを輸入販売されている「NORA Co.」の金田郁子社長にも、何年にも渡って沢山のお教えとご支援を頂きました。深く御礼申し上げます。また、我が家の猫の健康の為に、多大なご支援を賜りました、京都の自然・健康食品のフードドスタッフジャパンの永井社長にもこの場をお借りして御礼申し上げます。お三方のご支援、応援のお陰で、猫たちが元気にしてくれていたことは紛れも無いことであります。それ無くして、本書執筆の余裕は得られなかったに違いありません。ありがとうございました。

そして、お許し頂けますならば、本書を我が師のひとり、北国富山で、犬と猫をこよなく愛し、多くのご家族（飼い主／オーナー）さんに、より安全なFoodやサプリ、そして貴重な「全身医療」の最新情報を与え続けて下さっていた、「ネイチャーズハーモニー」代表、故飛騨野均さんに御礼と追悼を込めて捧げさせて頂きたいと願います。飛騨野さんは、当時まだまだ何もわからず、おろおろするばかりの私に叱咤激励、何時も丁寧にお教え下さりました。

私が不勉強の分不相応にも拘《かかわ》らず、猫たちの治療にもっと収入が欲しいという我儘《わがまま》勝手で「ネット相談室」を始めるご相談をした際にも、「君なりの信念があってのことだとはわかっている」「自分を信じてやれば良い!」と言ってくれました。そのお言葉が、本書の出版にどれほどの力を下さったことか。

お読み頂いてお叱り、ご忠告が得られないのがただただ無念ではありますが。ご報告とお礼を申し上げたいと思います。ありがとうございました。

マイケル・田中

マイケル・田中
（コラム・エッセイスト）

アジア諸国放浪の後、塾講師となり、コラム、エッセイを書き始める。1990年代後半より近所の野良猫、捨て猫の世話をするうちにのめり込み、100頭を越える猫たちを看病し里子に出し、また看取り、常に十数頭の世話をする日々を送っている。

愛する猫のために知っておくべき100のこと
もっとわかって！ 猫の想い

著者　マイケル・田中
2016年8月25日　初版発行

発行者　磐崎文彰
発行所　株式会社かざひの文庫
〒110-0002　東京都台東区上野桜木2-16-21
電話／FAX 03(6322)3231
e-mail:company@kazahinobunko.com
http://www.kazahinobunko.com

発売元　太陽出版
〒113-0033　東京都文京区本郷4-1-14
電話 03(3814)0471　FAX 03(3814)2366
e-mail:info@taiyoshuppan.net
http://www.taiyoshuppan.net

印刷　シナノパブリッシングプレス
製本　井上製本所

装丁　BLUE DESIGN COMPANY
写真協力　[Vale]、e3000、lililizizittt、flossyflotsam

ISBN978-4-88469-881-2